"十四五"普通高等教育艺术设计类系列教材

城市公共空间设计

于洪涛　刘艺　编著

中国水利水电出版社
www.waterpub.com.cn
·北京·

内 容 提 要

随着我国城市化进程的快速推进，作为城市空间重要组成部分的城市公共空间，如何通过有效设计让广大人民群众在城市这个空间体中实现认同感、归属感、获得感和幸福感是当下我国城市建设的重要课题。本书立意于中国城市化建设的新时代背景，图文并茂地向读者详尽阐述了城市公共空间设计的概念、发展历程、类别、设计原则、设计方法及表现形式、形式美法则，并对国内外典型案例进行了分析，从历史的纵向和时代的横向双维度解析城市公共空间设计的变迁与现状。

本书可供普通高等院校建筑设计、环境设计、艺术设计等相关专业的本科生和研究生作为教材使用，也可供从事相关行业的设计从业人员参考。

图书在版编目（CIP）数据

城市公共空间设计 / 于洪涛，刘艺编著. -- 北京：
中国水利水电出版社，2022.10（2025.1重印）.
"十四五"普通高等教育艺术设计类系列教材
ISBN 978-7-5226-0925-6

Ⅰ. ①城… Ⅱ. ①于… ②刘… Ⅲ. ①城市空间－公
共空间－空间规划－高等学校－教材 Ⅳ. ①TU984.11

中国版本图书馆CIP数据核字(2022)第155212号

书 名	"十四五"普通高等教育艺术设计类系列教材 **城市公共空间设计** CHENGSHI GONGGONG KONGJIAN SHEJI
作 者	于洪涛 刘 艺 编著
出版发行	中国水利水电出版社 （北京市海淀区玉渊潭南路 1 号 D 座 100038） 网址：www.waterpub.com.cn E-mail：sales@mwr.gov.cn 电话：（010）68545888（营销中心）
经 售	北京科水图书销售有限公司 电话：（010）68545874、63202643 全国各地新华书店和相关出版物销售网点
排 版	中国水利水电出版社微机排版中心
印 刷	清淞永业（天津）印刷有限公司
规 格	210mm×285mm 16 开本 5.25 印张 155 千字
版 次	2022 年 10 月第 1 版 2025 年 1 月第 2 次印刷
印 数	3001—6000 册
定 价	**39.00元**

凡购买我社图书，如有缺页、倒页、脱页的，本社营销中心负责调换

前言

　　城市公共空间是城市空间不可或缺的组成部分，它既是非城市公共空间的连接体，又是独立存在的、供所有人共享的空间，同时也是广大人民群众实现认同感、归属感、获得感和幸福感的重要场所。目前，随着城市化进程的不断发展，城市空间设计的品质正面临着巨大挑战，对城市公共空间的重视、理解及其设计与表现形式尚存在诸多不足之处，城市建设产生了亟待解决的矛盾，即城市设计、城市管理与人民群众需求之间的矛盾。与时代发展的速度相比，我国的城市公共空间设计尚属起步期，为此，不少专家、学者已经开展了相关的专业理论研究，但对我国现有建筑类、艺术设计类高校的教育而言，相关教材相对较少。笔者在山东建筑大学艺术学院开设"城市公共空间设计"课程已有三年，现以教学教案为蓝本编纂成书，并进行了内容更新与增补，力求反映学科的时代性和前沿性。其中，研究生刘艺同学在我的指导下做了大量文字和图片资料的协助工作，作为本书的第二作者算作是对她工作付出和能力提升的肯定。希望本书的出版能够给业内同仁和莘莘学子带来工作与学习上的便利。

　　本书共分6章。第1章阐述了城市空间与城市公共空间、城市设计与城市公共空间设计的基本概念；第2章梳理了中外城市公共空间的发展历程，西方城市公共空间的发展以欧美国家城市公共空间的发展历史为主，中国城市公共空间的发展则以近现代特别是改革开放近40年的发展状况为主；第3章介绍了城市街道、城市广场、城市公园、城市绿地、城市节点空间、城市社区公共空间、城市天然廊道等城市公共空间的主要类型的概念、形态特点及设计特征；第4章阐述了城市公共空间设计的原则、方法及表现形式；第5章阐述了城市公共空间设计中常用的形式美法则；第6章则展示了典型案例，作为理解本书内容的参考资料。

　　本书参考借鉴了许多同行专家的观点和材料，在此对各位作者的劳动致敬并感谢。另外，书中图片多为我的学生刘晓玉、师文丽、孙荣、相智皓、王鑫泉、颜婕童、靖莹、尹梦涵、臧可、张新玮、宋国恺、陈虹甫、董家蔚、刘洺柯绘制，引用的图片已向版权平台支付费用。

最后，感谢山东建筑大学对于本书出版的支持，感谢杨薇、蒋学编辑的大力协助。囿于作者水平所限，不当之处敬请读者、专家指正。

于洪涛

于山东建筑大学

2022 年 2 月

CONTENTS

目录

第1章

概述

1.1　城市公共空间的概念

　　城市公共空间可以定义为一种基于城市与实体间的，经过一定程度的人工开发后，面向城市居民并用于居民放松的开放空间。它的存在和发展与人类的生活和发展息息相关，是人们日常生活空间的户外延续，是储存城市发展史的容器，更是城市居民日常生活与户外空间关系的特殊载体；是设计内容丰富、集多学科分析和艺术灵感创作于一体的综合创作体，是用来解决人们一切户外空间活动的问题，为人们提供满意的户外活动的场所。

　　城市公共空间的表现形式是丰富多样的，有城市交通型街道、城市商业型街道、城市休闲广场、城市公园、城市绿地、城市节点空间、城市山脉型天然廊道和城市河流型天然廊道等。

（a）城市交通型街道　　　　　　　（b）城市商业型街道　　　　　　　（c）城市休闲广场

（d）城市公园　　　　　　　　　　（e）城市绿地　　　　　　　　　　（f）城市节点空间

图1.1（一）　城市公共空间类型（于洪涛　于跃　摄）

（g）城市山脉型天然廊道　　　　　　　　　　　　　（h）城市河流型天然廊道

图1.1（二）　城市公共空间类型（于洪涛　于跃　摄）

1.2　城市空间与城市公共空间

　　城市空间是城市社会、经济、政治、文化等要素的运行载体，各类城市活动所形成的功能区构成了城市空间结构的基本框架。伴随着经济的发展、交通运输条件的改善，城市空间不断地改变各自的结构形态和相互位置关系，并以用地形态来表现着自身结构的演变过程和演变特征。城市空间是不同于乡村空间的，它比乡村空间更复杂，包含的要素更多，空间要素之间的联系也更密切，城市的正常协调运行是由社会、经济、政治、文化等要素共同支撑着的。

　　城市公共空间是城市空间多元化的体现之一，相较于城市空间而言，城市公共空间的范围更小，特征更明确，主要是指以公共交往活动为核心功能的室外场所，由场所、路径、领域等空间要素组合而成。城市公共空间除了为居民的生活提供交往空间以外，还包含着社会信息，赋予人们最直接的日常经验与社会文化观念，是人们相互交流和信息传递的重要平台，它对塑造城市的精神特征与文化形象起着重要的作用（图1.2）。

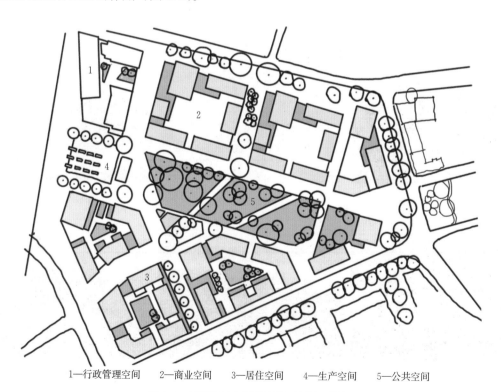

1—行政管理空间　　　2—商业空间　　　3—居住空间　　　4—生产空间　　　5—公共空间

图1.2　城市公共空间示意图（刘艺　绘）

1.3 城市设计与城市公共空间设计

城市设计又称为都市设计，许多设计师、理论家对于这个术语的界定都有着各自独到的见解。一般公认的定义为："城市设计就是以城市规划布局、城市面貌和城镇功能为重点，并特别重视城市公共空间研究的学科。"从广义上讲，城市设计就是要综合设计城市中的多种物质要素，如地形、水体、住宅、道路、广场以及绿地等，其中涉及使用功能、工程技术以及空间环境艺术处理等方面。

城市设计一词于1950年开始出现。在《不列颠百科全书》中，城市设计的定义为：对城市环境形态所做的各种合理处理和艺术安排。美国建筑师伊利尔·沙里宁将城市设计的含义归纳为：城市设计是三维空间，城市规划是二维空间，两者都是为居民创造一个良好的有秩序的生活环境；乔拿森·巴挪特则认为城市设计乃是一项城市造型的工作，它的目的是展露城市的整体印象与整体美。在城市设计这一复杂进程中，在于着重研究城市实体安排和居民社会心理健康之间的内在联系。通过处理好物质空间和景观标志来营造一个物质环境，不仅可以让住户在使用过程中心情舒畅，还可以激发他们的社区精神，同时还可以带来全市的良性发展。

城市公共空间设计是城市规划、城市设计、环境艺术设计、景观设计、建筑设计等诸多学科共同涉及的领域，也为社会学、美学、环境科学、经济学、政治学等学科密切关注，因此，公共空间设计不仅仅是物质空间的设计，而且不论从哪个学科角度来看，"公共"都是公共空间设计的核心概念。

CHAPTER 2

第 2 章

城市公共空间的发展历程

2.1　西方城市公共空间的发展历程

　　西方城市公共空间的发展历程是一个严密的、渐进的和规律性的过程，并在历史的演化中形成了一套较为完善的理论体系。这种体系具有强大的生命力与渗透力，随着工业革命在全球化进程中的推进，对东方的城市公共空间系统的形态、组合、构成和思想都有着深远的影响。下面就其演进过程的重要节点进行重点阐述（图2.1）。

古希腊、古罗马时期　　　中世纪时期　　　文艺复兴时期　　　工业革命时期　　　后工业文明的
　　　现代时期

图 2.1　西方城市公共空间设计历史沿革图

2.1.1　古希腊、古罗马时期

　　古希腊是西方文明的发源地，对后世西方文明的形成起着至关重要的作用。由奴隶主贵族、平民和奴隶组成的社会，以各自城邦为据点，形成了极具特色的古希腊城市建设形态。神庙、元老院、议事厅、中心广场、街道系统和大型公共建筑紧密结合，形成了最初的相对完整的城市公共空间系统形态，如古希腊时期的普南城，其中心广场的东、西、南三面均有敞廊，廊后为店铺与庙宇，广场上设置雕塑群，是市民进行宗教、商业、政治活动的场所，也用于发布公告、进行审判、欢度节庆等（图2.2）。这个时期的公共空间有供统治阶级享乐的公共浴室、剧场、会堂、跑马场、斗兽场等，建筑物聚集的作用比较简单，所表现的聚集规模不大。城市公共空间主要表现为封闭形态，特征是不规则的街道和市场体系，体现的是"场所精神"。城市公共空间一般围绕神庙形成广场布局，有突出的轴线，也有相对自由的布局来适应岛屿山地的地貌。

　　从考古发掘的阿索斯广场（图2.3）来看，广场空间与周围建筑并未形成一种带有明显支配性的几何秩序，所有建筑的位置也仅仅是满足了广场所需的基本围合，并没有刻意地营造出后世广场空间中经常体现出来的清晰的秩序感，广场上也几乎没有设置限定人们活动的有形物体，其平面完整、连续，因此使得广场上各种活动之间没有障碍，所有的活动均是鼓励人们自由参与的。另外，广场周边分布众多的公共建筑，如神庙、议事厅等能很好地融入广场，保持了与广场上公共活动之间的良好联系。广场周边敞廊的设置使广场给予人们活动更大的选择权，人们既可以选择在广场内公开活动，也可以退隐到半私密的敞廊内观看广场上的景象或退出广场。古典时期的雅典城特点是没有固定的轴线和固定的形制，建筑群的排列组合也不追求有序和对称。

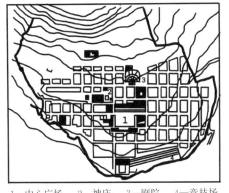

1—中心广场　2—神庙　3—剧院　4—竞技场

图2.2　普南城平面图（刘艺　绘）

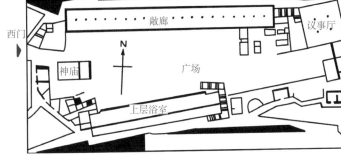

图2.3　阿索斯广场平面图（刘艺　绘）

　　古罗马灭掉古希腊后，承继了古希腊城市建设的部分传统，同时也开创了更加开放、宏伟的城市建设模式。古罗马共和时期的广场，是市民集会和交易的场所，也是城市的政治活动中心，广场周围散布着庙宇、政府、商店、作坊和小店，以及作为法庭和会议厅的巴西利卡❶，没有统一的规划，建筑是散乱和独立的。帝国时期，广场渐渐演变为皇帝个人树碑立传的纪念地，其布局严谨对称，集中了大量宗教和纪念性建筑，如罗马的帝国广场群，其中的图拉真广场（图2.4）是古罗马最宏大的广场，不仅轴线对称，而且作多层纵深布局，封闭完整的柱廊、高大的凯旋门和记功柱、宏伟的巴西利卡反映出古罗马皇权的加强。

图2.4　图拉真广场

---

　　❶　巴西利卡是古罗马的一种公共建筑形式，其特点是平面呈长方形，外侧有一圈柱廊，主入口在长边，短边有耳室，采用条形拱券作为屋顶。

同时期的还有庞贝城，它是亚平宁半岛西南角坎帕尼亚地区的一座古城，距罗马约240km，是一座背山面海的避暑胜地。庞贝城中心广场位于城市一侧，周围功能多样的建筑群反映了在此进行的各种城市政治、经济、宗教活动，平面略呈长方形，三面环以造型完整的柱廊，城内大街纵横交错，街坊布局犹如棋盘（图2.5）。

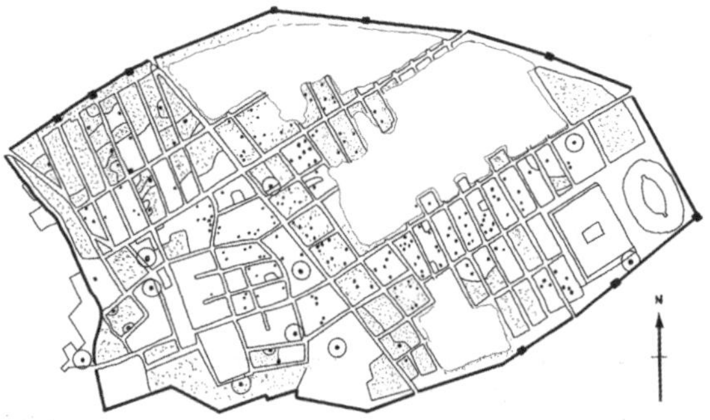

图2.5　庞贝城平面示意图（刘艺　绘）

2.1.2　中世纪时期

公元5—15世纪，欧洲进入了天主教笼罩下的中世纪时期。在这一时期，教皇占据了统治地位，由于社会动荡，战争频发，建筑往往用高高的墙壁围合起来抵御外来侵袭，如图2.6所示的库雷萨雷大主教城堡。此时城市公共空间的建设几乎是停滞不前的。中世纪时期的城市是一个贸易集合的场所，通常有一个或者多个集市场所专门用于交易，这就是市场作为城市公共空间的存在方式，大教堂是这一时期最主要的城市机构，城市中会有无数的人来往于此，因而市场也通常相邻教堂而存在。然而，这一时期公共空间的可达性开始衰退，因为城市被围墙隔离起来以抵御入侵，使得公共空间变得极为有限，在城市中划定区域用以公共活动是非常奢侈的。

图2.6　库雷萨雷大主教城堡

2.1.3　文艺复兴时期

这个时期人们开始逐渐摆脱神权，追求人权、平等、自由，社会各方面又出现空前繁荣。城市组织逐渐向形式主义的构成形态发展：一方面受文艺复兴运动中古典概念的影响，城市公共空间逐渐向巴洛克、洛可可和新古典主义风格演变；另一方面，社会经济发展使交通体系发生改变，进一步的聚集使城市规模变大，宫殿、沙龙和咖啡厅成为贵族交往和进行世俗生活的重要公共设施。

文艺复兴时期与古希腊、古罗马和中世纪的城市结构表现出的有机生长形态不同，这个时期的城市空间表现出明显的构成型。城市公共空间系统有意去建构城市肌理，系统呈现出更大的清晰度和透明感，布局讲究严谨的几何构图，体现权力对社会和自然的有力控制，如法国巴黎的街道空间布局，整体呈现出明显的对称构成（图2.7）。

在文艺复兴时期，不仅有神圣的教堂和历史遗迹，一切与权力相关的表现物，如凯旋门、方尖碑、纪功柱等都用来构成城市的公共空间。这一时期城市公共空间的主要要素仍然是街道和广场，街道是作为城市公共空间焦点的笔直、宽阔的林荫大道，广场则主要是用来体现君主统治的皇家广场。

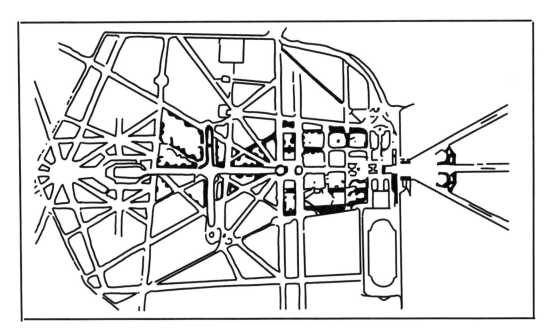

图2.7　法国巴黎街道局部空间示意图

2.1.4　工业革命时期

第一次工业革命时期，劳动力和工厂的集中使得城市中出现了大片的工业区、交通运输区、仓储码头区、供人居住区，打乱了原有的城市结构布局，这些区域在交通沿线形成了一系列独立的"工矿城市"，由此工业城市开始产生（图2.8）。

这个时期为追求获得最大经济效益，城市规划普遍采用"高效的"方格网道路系统，城市公共空间布局大多为简单的方格网，廉价的住宅沿着网格排列，典型的城市街道的唯一目的就是在两地之间建立一个通道，就尺度和特征而言，基本上不为其他的用途提供支持，"栅格式"城市公共规划的运用，造就了简单、重复的街道，虽支持高效的城市运转，但基本不具有美观、绿化等其他价值。

图2.8　工业化以后的德国慕尼黑形成的工业区和城市群（刘艺　绘）

以产业经济为重心，使整个城市包括公共空间的价值取向都受到了经济因素的强大影响。城市公共空间由政治、宗教权力的展示机制，转变为资产阶级用来改变城市环境、取得经济效益的工具。这一阶段，城市对外贸易的商业需求促进了城市商业金融设施（如交易所、银行、商场等）的快速发展。同时服务于城市商业金融活动的公共设施也随之逐渐发展起来，城市公共空间向世俗化、市民化进一步前进。为了高效实现物流的畅通，城市交通体系也得到了前所未有的重视。资本主义大工业带来的技术变革和轮式交通的发展，大大加快了城市的扩张，城市公共空间系统结构逐渐从集中和封闭转为疏散和开放。

2.1.5　后工业文明的现代时期

19世纪以来，由于受工业污染的影响，导致城市出现环境问题，引起了很多国家的重视。城市现代化程度越高，环境问题越明显。并且人们还意识到在区域范围内保持一个绿色的环境，对城市文化来说极为重要。绿色环境一旦被破坏，城市也随之衰退，因为这两者是共存亡的。重新占领这片绿色环境，使其重新美化，充满生机，并且使之成为一个平衡生活的重要价值源泉，这是城市更新的重要条件之一。

19世纪末20世纪初，由于城市规模的急剧扩大和数量的剧增，公众的需求成为促进公共开放空间建设的根本原因。许多重视城市环境与绿化的城市规划新理论纷纷提出：美国"造园之父"欧姆斯特德倡导的"城市公园运动"、源于美国的"城市美化运动"、勒·柯布西耶❶提出的"机械城市"理论、赖特提出的"广亩城市"理论、沙里宁提出的"有机疏散"思想等。这时还追求公共开放空间的易达性和使用度，这些在斯泰恩著名的"雷德博恩规划"和佩里的"邻里单位思想"中得到集中体现。第二次世界大战前著名的城市规划有伯赫姆的芝加哥规划、莱奇华斯田园城市、莫斯科规划、堪培拉规划等。

第二次世界大战后出现的著名城市公共开放空间规划有：英国为限制城市膨胀、防止与邻里街区毗连、保护农业、保存自然美和游憩而提出并实施的环形绿带规划模式；英国哈罗新城和印度昌迪加尔的城市绿带网络（系统）模式等。昌迪加尔城市规划是在柯布西耶规划理想引导下进行的，具体表现如下：

（1）功能分区明确。

（2）在市中心建设高层楼，降低市中心的建筑密度，空出绿地。

（3）底层透空（解放地面，使视线通透）。

（4）棋盘式道路，人车分流。

（5）建立小镇式的居住单位。

昌迪加尔的城市设计呈方格状分布，所有的道路节点设环岛式交叉口，行政中心、商业中心、大学区和车站、工业区由主要干道连成一个整体，在每个街区中，纵向的宽阔绿带里布置了诊所、学校等设施，步行道、自行车道、横向步行街上布置了商店、市场和娱乐设施，其余部分开辟为居住用地，以环形道路相连，共同构成了一个向心的居住街坊。

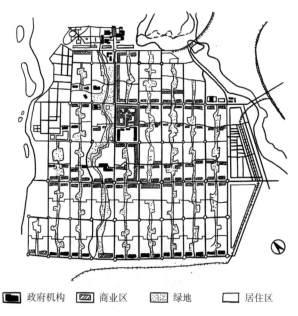

图例：■ 政府机构　▨ 商业区　▧ 绿地　□ 居住区

图2.9　印度昌迪加尔的城市规划示意图（刘艺　绘）

20世纪60年代以来，生态保护、世界遗产和景观保护的呼声日益高涨，相关的理论和方法很快被应用到规划领域，城市公共空间的研究和规划由单一价值主导走向多元价值观。城市公共空间重新充当起了公共性的自由聚集场所。社会公平、社会经济发展、各种文化的冲击对其作用日益加强，城市公共空间体系发展成为多维复合的框架体系。

---

❶　勒·柯布西耶，20世纪最著名的建筑大师、城市规划和作家，其城市规划思想为功能理性主义和形式理性主义。

2.2 中国城市公共空间的发展历程

2.2.1 夏商周古文明时期

当社会进入商品流通阶段后，南来北往的交通要道出现时，其空间形态便由点到线逐渐形成了街道。据考证，我国早在四五千年前就出现了以人力为主的陆路交通，并创造了舟车。公元前21世纪的夏朝，已有奚仲造车、相土造马车、王亥造牛车之说。公元前16世纪开始的商朝，在甲骨文中发现有牛马拉车的记载；公元前14世纪，在河南省安阳市发掘的殷墟都城，发现了完整的战车，这些都证实了当时城市街道和车辆已确实存在。商朝人不但修建了规模庞大的、成组的宫殿建筑以及大型的用于举行祭祀活动的场地和作为娱乐场所的池苑，还修建了相当规模的城垣，更修建了规模宏大的宫城、面积和容量巨大的府库等，基本确立了城址布局。到了周朝，奴隶社会进入鼎盛时期。《三礼图》中的周王城图就反映了"王者居中"和严谨对称的规划原则（图2.10）。

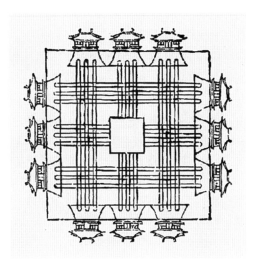

图2.10 《三礼图》中的周王城图

2.2.2 秦汉至清中期的农耕文明时期

1. 秦汉时期

秦统一六国后，建立了第一个统一的封建专制制度的国家，实行了一系列的加强中央集权的措施，兼顾考虑军事上的要求，对道路的修建实施了"车同轨"，统一了车子轮辙的距离和道路的宽度，而城市街道布局仍沿袭了井田方格网式结构。

西汉时期文化发达，道路交通方面也得到了一定的发展。汉长安城（图2.11）是我国迄今规模较大、保存较为完整、遗迹较为丰富、文化含量非常高的都城遗址。汉长安城平面形状基本呈方形，城中的道路有"八街九陌"之称，这里所谓的"街"应该是指与城门相连的八条大街。每条大街都被两条排水沟分成三条并行的道路，可谓"一道三涂"，这也正好与城门的三个门道相对应。中间的道路较宽，被称为"驰道"，专供皇帝行走；两侧的道路相对较窄，各为12米，供平民和官吏使用。这些纵横的大街，将汉长安城分为了不同的功能区，西北部为市场和手工业区。据文献记载，汉长安城内有九市。以横门大街为界，街东为东市，街西为西市。东、西市的四周都修筑有"市墙"，市内道路相交成"井"字形，商户分布在街道两侧。西市内已发现大面积的窑址和手工作坊遗址，商业市场和手工业市场的结合也是我国封建社会初期城市市场的一大特点。汉长安城东北区为居民居住区，主要集中在靠近宣平门

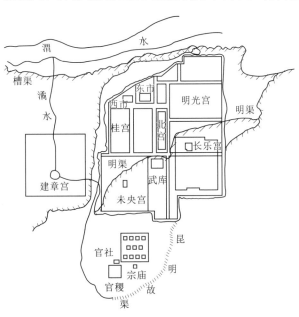

图2.11 汉长安城平面示意图（刘艺 绘）

的地方,因此,宣平门又称"东都门"或"都门",是长安城中吏民出入最频繁的城门。

2. 隋唐时期

在中国古代城市中,历代的皇"城"垄断了大多数城市空间的形态决定权,而城市中"市"的演变表明了底层人民也在不断争取属于自身的空间权利。"市"最初是在郊野中自发的、临时的,移居到城市后,则先是以专为统治者服务的"宫市"面貌出现的,还谈不上具有公共性。自春秋起一直到隋朝,"市"开始面向普通民众,但都是以内向、封闭的形态为特征。及至普遍实行里坊制的唐代的集中市制和东西两市制度发展到了顶点。市场与其他居住里坊一样被高高的坊墙围住,并在规定的时间内开闭。封闭的市制体现了"公"权以"公共性"的方式强加于普通公民的欲望,由于政治力量的介入,市场内的交往活动处于严格的控制之下,市场内平等的人际交往关系受到制约。"市"同时还是封建律法的公示之地,这是"公"权展示自身重要的一环,犯罪之人经常在"市"内带枷示众、游行甚至被处死,起到杀一儆百的作用。

城市公共空间在这一时期呈现出特有的形态特征,即笔直宽敞的南北中轴线中心大道及纵横交错的城市交通道路体系,如唐长安城中的朱雀大街贯通城市南北,是城市的中轴线。全城有南北向街道11条,东西向街道14条,南北与东西向街道构成典型的棋盘式路网,街道将城市用地划分为108个里坊,既满足了官僚出行时前呼后拥的需要,也通过中轴线的强调达到了突出封建统治至高无上权利的政治需要。

3. 宋元时期

唐代以后的宋都汴梁城与长安城的布局非常类似,只是因为商业的发展和城市居民生活需求的增加,原来封闭里坊的布局手法发生了变化,手工业中的各行各业为了加工和出售方便,往往沿着一条街道发展。作为社会生产发展的必然结果,商品经济最终必定要冲破重重的政治阻碍。在封建社会后期,特别是宋、元两代,社会商品经济在许多城市蓬勃发展起来,封闭的市制最终被打破。北宋以后,沿街新兴的商铺、酒楼、茶坊等各行店铺使得街道成为最有活力的城市公共空间,从名画《清明上河图》(图2.12)上可以看到当时汴梁街市的繁荣景象,其建设与维护突破了早期城市"自上而下"的管理机制,呈现出在城市自由蔓延的特征。街面往往以夯土铺就,没有明确的流线划分,"晴天一路土,雨天一路泥",人车混杂,景象纷乱(图2.13)。此时的公共

图2.12 《清明上河图》局部图(一)

空间不再因为政治原因而成为公民参与社会生活的障碍，空间的无差别化使用使得"市"逐渐为区别于"代表型政治公共空间"的"自发型公共空间"。这种形态的公共空间却因为其时代背景仍然具有不彻底性，因为它只是暂时地摆脱了政治束缚，整个社会的封建制度还是根深蒂固地存在着。

图2.13　《清明上河图》局部图（二）

4. 明清时期

明清时期的封建社会传统宗法礼制思想仍然占据主流，继承了历代都城以室为主体的思想，严格采用中轴线对称的布局方式。与北宋东京相似，明清时期的北京城也形成了许多以商业集市活动为特点，并以其命名的生活性街道。明清时期的北京城的商品运输主要靠大运河，河运不仅影响了城市的布局和发展，也影响了街道的走向（图2.14）。

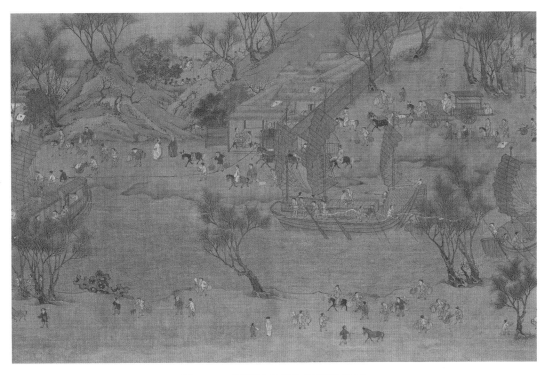

图2.14　《清明上河图》局部图（三）

封建社会皇权至上，百姓皆为臣民，表现在城市公共空间的建设方面极少有市民享用的广场、街道封闭单调，尺度小，而其界面更多的是围墙。相比古代社会，明清时期的城市公共空间布局虽然有所突破，但总的看来，仍然没有改变其固有的特征。

2.2.3 晚清至民国时期

在封建社会向半殖民地半封建社会转变的过程中，外国资本主义对中国进行经济侵略，建立了大量的资本主义的商行、银行和各种服务性设施，从而形成新型的广场、商业街等形式，成为近代城市实际的生活中心，显现出同心圆中商务中心的公共活动区雏形。其城市结构的主要变化为：①工业企业和交通业改变了原有的城市公共空间格局；②居住社会分化使城市公共空间层次分明；③消费性设施的建立，以及殖民色彩浓郁的城市公园开始萌芽。

1. 晚清时期

晚清时期指清朝统治的晚期（1840—1911年），是中国近代史的开端，也是近代中国半殖民地半封建社会的形成时期。在缤纷变幻的时事中，中国形成了很多新的城镇，并出现了像上海这样的大都市。那时农村的生活变化不大，但是城市生活形成了新的局面，城市形态也发生了较大的变化。由衙署、商店、寺庙等公共建筑围合形成公共空间的整体形态，包括路网结构、街巷肌理等，像上海、武汉、济南、青岛、广州等沿海商埠城市则开始按西方方式布局街道、修建城市广场等。

随着西方"城市公园运动"的兴起，造园之风逐渐波及中华大地。在近代北京、上海、青岛、天津、武汉、重庆等大城市的一些租借地和外国人集中的地方，修建了大量的城市公园和绿地，在风格上体现出西式园林的特点。1866年，原英国租界工部局在黄浦江、苏州河交汇处修建了上海第一个公园——外滩公园，占地2公顷。此时这些公园带有强烈的殖民色彩，西方人占有完全话语权，不仅按照西方人的生活方式来造园，在1868—1928年的61年期间，外滩公园甚至只对外国人开放。

2. 民国时期

清朝被推翻后进入了民国时期（1912—1949年）。随着封建王朝的崩溃，结束了城市以帝王宫殿为核心的历史。资本主义商业的出现导致商业分工加深：不同的专业商人处理贸易的不同环节，专业货栈开始出现，还出现了专门协调规定商业活动的行会和商会。同时，产生了中国自己的金融

图2.15 民国时期的上海城市公共空间

网络系统。与清末不同的是，现代金融和贸易制度在民国时期发展起来，资本主义的商行、银行、工厂、仓库、娱乐、交通等各种市政设施，成为城市公共空间结构组成新的物质要素。随着城市功能的转变和都市近代化的发展，城市空间格局发生了由封闭走向开放的深刻变化（图2.15）。

2.2.4　新中国成立后的现代时期

1. 新中国成立初期

1949年新中国成立至1978年改革开放以前，我国城市发展经历了一个曲折漫长的发展过程。随着城市的发展，城市公共空间的演变也经历了跌宕起伏的变化。

新中国成立后，城市开始了对半殖民地半封建城市的社会主义改造。为了恢复和发展城市经济，加强城市基础设施建设，对一些城市公共空间环境最为恶劣、问题最为严重的地区进行了改造，并解决了一些旧社会长期无法解决的问题。北京龙须沟、上海棚户区、南京秦淮河和南昌八一大道等的改造，就是当时卓有成效的城市公共空间改造工程。在第一个五年计划期间，重点新建和扩建了一批工业城市，形成了功能分区较为合理的城市公共空间结构，这一时期是新现实主义影响下的城市建设时期，新中国开始探索解决城市街道的问题，对城市公共空间环境的改善起了十分积极和重要的作用，如北京御河改造和合肥长江路改造等。这一时期对城市公共空间结构有着重大影响，如北京长安街的扩建、天安门广场的建设等都是这一时期进行的重大城市公共空间建设。"文化大革命"期间，城市出现了乱拆乱建的无序化状态，道路、公园、绿地、历史文化古迹等城市公共空间环境遭到严重侵占和破坏，城市公共空间建设杂乱，给以后的城市公共空间建设设置了一些障碍。综合而言，城市公共空间在这一时期的发展相对缓慢。

2. 改革开放时期和社会主义现代化建设的新时期

1978年，我国实行改革开放的政策，此后我国进入了改革开放和社会主义现代化建设的新时期，社会发展进入了一个新的历史阶段。在这一时期城市经济迅猛发展，城镇建设与发展进入稳定的、有序的、科学的、现代的发展状态。城市公共空间的建设发展也以空前规模与速度展开，城市中心由传统的以居住和消费为中心转变为以商业、贸易和管理为中心。由此导致城市中心的公共空间建设发生了变化，出现了宜人尺度的街道空间，优良的城市环境设施和功能复合的城市综合体。20世纪90年代后，随着社会主义市场经济体制的建立，大量外资的引进，更进一步推动了城市建设的步伐，随着人民生活的日益改善，城市公共空间得到了迅速发展。各地城市公共空间的建设呈现出多模式、多层次的推进，建设模式由过去单一的"城市政治需求"转向"综合性的'以人为本'的需求"，不仅以改善人民群众的居住条件和城市环境为目标，而且充分发挥改造地段的经济效益和社会环境效益，实现了城市可持续发展的多重目的。

3. 党的十八大以后的生态建设时期

21世纪以来，城市建设从理念、目标到规划、实施进入转型升级状态。建设生态城市、智慧城市、文明城市成为城市发展的主旋律。城市公共空间的尺度、类型、形式基本完善，城市公共空间逐步地演化成为人民生活之中不可或缺的一部分，人们对公共空间的要求也不断提高。这一阶段更加重视资源的节约和循环利用，降低能源的消耗，全面促进城市公共空间的可持续建设。可持续城市公共空间的发展应该是稳定、公平、和谐的，总的来说应该是健康的。健康的城市公共空间建设以城市生态化发展为必要条件，使城市的生存空间向深度和广度发展，开拓公共空间的可调控性。在完备的城市功能构建中，树立生态城市的良好形象，不断改善城市生存环境，恢复传承历史文化等功能。因此，生态为主基调的城市公共空间，就是以生态环境为基础，尽量保留城市的生态原貌，在环保、宜居的基础上构建一个美好的城市空间。如景观大师俞孔坚所倡导的生态人文理念，就是把城市与景观设计作为"生存的艺术"，倡导白话景观，以"反规划"理论和"天地·人·神"和谐的设计理念，建立土地生命系统的和谐设计。他通过建立生态基础设施来综合解决生态环境问题，系统构建了"海绵城市"理论与方法，探索用生态学原理和景观设计学的方法进行城市防洪和御洪管理，通过生态水净化和工业废弃地的生态修复建设韧性城市。如三亚红树林生态公园项目，不仅修复了当地的红树林生态系统，给公共服务带来了巨大提升，还给其他城市修补和生态修复项目做出了示范（图2.16）。

图2.16　三亚红树林生态公园

CHAPTER 3

第 3 章

城市公共空间的类别

3.1 城 市 街 道

3.1.1 城市街道的概念

道路是城市的空间结构骨架，建筑围合道路而形成街道（图3.1），街道空间是城市公共空间类型的重要内容。街道空间是一种基本的城市线形公共空间，它既承担了交通运输任务，同时又为城市居民提供了公共活动场所。城市街道空间是城市文化的主要载体，也是城市最公有化的空间之一。在对城市的体验和印象中，建筑占一方面，人们真正对城市的印象和体验大都来自街道绿化、街头公共空间等，如法国巴黎的香榭丽舍大街，就被称为世界上最美的街道（图3.2）。

图 3.1 街道示意图（刘艺 绘）

图 3.2　香榭丽舍大街

3.1.2　城市街道的类别及形态特点

1. 交通型街道

交通型街道即主要用于城市车行、人行的街道，一般较为规整、宽敞、平坦、有序。如作为湖南省长沙市与湘潭市的南北主干道之一的芙蓉路（图3.3），主要作用就是连接城市之间各大区域的交流沟通，承载着较大的车流量，是比较具有代表性的交通型道路。

图 3.3　长沙芙蓉路

2. 居住型街道

居住型街道是由居民建筑围合形成的，相对其他类型街道较为私密、安静，有生活气息。如北京的胡同（图3.4）不仅仅是具有交通作用城市街道，更是居民日常生活、交流的场所。

图 3.4　北京的胡同

3. 商业型街道

商业型街道就是由众多商店、餐饮店、服务店共同组成，按一定结构比例规律排列的商业繁华街道，是城市商业的缩影和精华，是一种多功能、多业种、多业态的商业集合体，如北京的王府井步行街（图3.5）和日本爱知县名古屋市的OSU购物街（图3.6）就是著名的商业型街道。

图 3.5　北京的王府井步行街

图 3.6　日本爱知县名古屋市的 OSU 购物街

3.1.3　城市街道的设计特征

（1）保证行人安全和人们活动的顺利进行是街道规划设计的基本问题。街道空间应同时考虑多种交通方式，协调完善、设置交通标识和交通道路指示系统，增加街道的畅通性、安全性和可达性。

（2）街道空间往往呈现的是线状的空间序列，在城市街道的设计中要善用雕塑、景观小品等营造出一个好的空间节奏，给予行人良好体验。

（3）街道空间从以交通为主的单一功能空间转化为多功能的复合空间，使人们的出行更绿色、安全和便捷；城市街道空间的设计应将街道的人文性、生态性和经济性等方面的因素进行综合考虑、系统整合。

3.2　城　市　广　场

3.2.1　城市广场的概念

城市广场是由大块空地及附属建筑组成的，能容纳较多人休闲集会的城市公共场所。人们室外公共活动的习惯使得城市广场的出现成为了必然。城市广场作为城市公共空间的类型之一，不仅是一个物质的环境协调于周边的自然环境，满足空间构图的需要，更重要的是它还是一个人文环境。作为聚会社交的场所，广场被认为是城市最主要的公共空间之一。随着城市经济的发展，寸土寸金的土地状况使得建筑密度朝着越来越高的方向发展，城市广场就如同城市中可以"透气"的空间，使城市得以"呼吸"，并为城市居民提供娱乐、放松的场所。

城市广场源自于古希腊，是随着古希腊城邦的出现而产生的，主要作为公民参与城邦政治活动和聚会的场地。15—16世纪欧洲文艺复兴时期，由于城市中公共活动的增加和思想文化在各领域的繁荣，相应地出现了一批著名的城市广场，如圣彼得广场（图3.7）、卡比多广场等，那时的广场建造于教堂或市政厅前面，多用于举行宗教活动或市民会议。19世纪后期，城市中工业的发展、人口和机动车辆的迅速增加，使城市广场的性质、功能发生了新的变化。不少老的广场成了交通广场，如法国巴黎的戴高乐广场（原名星形广场）和协和广场。现代城市规划理论和现代建筑的出现，交通速度的提高，使得城市广场在空间组织和尺度概念上发生了巨大改变。作为城市景观之一的现代城市广场成为了人们在城市生活中交往及观赏感受最深的地方，在功能上是适合公共活动、社交活动、集合等的开放性场所。

图3.7　圣彼得广场

3.2.2　城市广场的类别及形态特点

1. 市政广场

市政广场多建立在市政府和城市行政中心所在地，是市政府与市民定期对话和组织集会活动的场所。市政广场往往是由政府办公等重要建筑物、构筑物和绿化带等围合而成的空间，市政广场通常平坦、宽敞，广场内基本没有高差，供举行大规模活动使用。如莫斯科红场，是俄罗斯重要节日举行群众集会、大型庆典和阅兵活动之处，也是世界著名旅游景点（图3.8）。

图3.8　莫斯科红场

2. 纪念广场

纪念广场是在城市中修建的主要用于纪念历史人物或历史事件的广场。如法国戴高乐广场（原名星形广场）是拿破仑一世于1806年2月为纪念他在奥斯特利茨战役中大败俄奥联军的功绩而下令兴建的。第二次世界大战后，为纪念戴高乐将军的卓越功勋更名为戴高乐广场。广场中的凯旋门是欧洲100多座凯旋门中最大的一座，现已成为巴黎城市的重要地理标志之一（图3.9）。

图3.9　戴高乐广场

3. 交通广场

交通广场是城市交通系统的有机组成部分，是交通的连接枢纽，其交通、集散、联系、过渡和停车等作用，合理地组织了城市的交通系统。如济南东站广场（图3.10），以交通枢纽功能为先导，兼备发展现代服务业和满足居民生活需要。

图3.10　济南东站广场

4. 商业广场

商业广场也是城市广场中最常见的一种形式，它是城市生活的重要中心之一，通常附属于集市贸易和购物中心。如望京SOHO位于北京的第二个CBD——望京核心区，广场形态与建筑物呼应，绿化为商业空间提供了休憩、放松之地（图3.11）。

图3.11　北京望京SOHO

5. 休闲广场

休闲广场的设计以亲和力、可达性、文化、娱乐为基础和标准，是城市中供人们休憩、游玩、演出及举行各种娱乐活动的场所，往往营造出一种轻松、舒适的环境氛围。法国的安纳西广场就是一个展现了四季山地美景、受到市民喜爱的休闲广场，市民和游客可以在这里充分享受美景并放松心情。

3.2.3　城市广场的设计特征

（1）城市广场要有足够的铺装硬地供人活动，同时也应保证不少于广场面积25%的绿化地，为人们遮挡夏天烈日，丰富景观层次和色彩。

（2）城市广场中应有坐凳、饮水器、公厕、电话亭、小售货亭等服务设施，而且还要有一些雕塑、小品、喷泉等充实内容，使广场更具有文化内涵和艺术感染力。只有做到设计新颖、布局合理、环境优美、功能齐全，才能充分满足广大市民大到高雅艺术欣赏、小到健身娱乐休闲的不同需要。

（3）城市广场交通流线组织要以城市规划为依据，处理好与周边的道路交通关系，保证行人安全。除交通广场外，其他广场一般限制机动车辆通行。

（4）城市广场的小品、绿化、物体等均应以"人"为中心，时时体现为"人"服务的宗旨，处处符合人体的尺度，如景观小品的尺度、空间的合理布置等都要体现出为人所用，给人以舒适的体验（图3.12）。

图 3.12　城市广场（于洪涛　摄）

3.3　城　市　公　园

3.3.1　城市公园的概念

公园是公益性的城市公众共享设施，是改善区域性生态环境的集中式绿地，是供公众游览、游憩、观赏的重要空间场所。《中国大百科全书》的定义为"公园（Public Park）是城市公共绿地的一种类型，主要由政府市政投资或公共团体建设经营，供本市公众游憩、观赏、娱乐、开展文化及锻炼身体等的活动，有较为完善的设施及良好的生态环境的开放空间，并具有能有效地改善城市生态、防火、避难等作用，其最初的功能较为单纯，偏重于提供的休息，如散步、赏景之用的环境。"

城市公园属于城市基础设施的重要组成部分，不仅具有绿色装饰的功能，还能为人们提供舒适的区域，优化改良城市环境。现今被称为城市公园的场所，是由早先的城市公共园林逐渐演变而来的。园林已有6000多年的历史，而城市公园的出现只有一两百年的历史。17世纪资产阶级革命取得胜利后，新兴资产阶级没收了封建领主们的私家园林并向公众开放，因而统称为"公园"。而真正意义上的城市公园设计和建设始于1857年，是由美国著名设计师奥姆斯特德设计的纽约中央公园（图3.13）。

公园作为城市基本的绿地设施是对城市的有效改造，能够为市民提供良好的生活空间。现代城市公园可以将娱乐、文化、教育，儿童游戏、活动场地，体育场所和安静的休息环境有序地组织在园区内，也可以按照特定的功能设计单一模式的公园。城市公园景观包含自然景观和社会人文景观两大方面内容。城市公园建设施工一般分为绿植施工与建筑施工两种。

3.3.2　城市公园的类别及形态特点

1. 主题型公园

主题型公园是以特定的内容作为公园的主题，人为地建造出一些和其氛围相符合的民俗、历史、游乐空间，让游人能够切身地感受、参与到特定内容的主题中来的游乐地，是集特定文化主题内容和相应的游乐设施为一体的游览空间。此类公园主要有植物园、动物园、体育公园、纪念型公

图 3.13 纽约中央公园

园等，主题型公园的内容通常能够给人以知识性与趣味性。

位于山东枣庄，以奚仲为主题的奚仲公园（图 3.14），整体空间布局以"车"字形为出发点，利用景观柱、景观亭等构筑物，诠释了奚仲创造的世界第一辆用马牵引的木质车辆，以现代设计表达传统脉络，既体现枣庄深厚的历史渊源，又为广大市民提供休闲场地；位于河北秦皇岛，以运动为主题的秦皇岛西环体育公园（图 3.15），通过对原铁路废弃用地地形整理及植物景观绿化、新建骑行道与健身步道，集娱乐、休闲、健身、运动于一体，便于市民强身健体。

图 3.14 奚仲文化公园

图 3.15 秦皇岛西环体育公园

2. 自然风光型公园

自然风光型公园是指以自然景观为主，将自然景色与人造景观集于一体的公园。通常情况下，自然风光型公园拥有宜人的自然环境，山水相映，鸟语花香，体现了一个地区的气候或地貌特点，自然景色迷人，也有适宜的人造景观。如江苏省苏州市的昆山森林公园（图3.16），它位于昆山城西的核心区域，是庙泾河水系和城西中央景观轴的重要枢纽，为昆山市民提供了大量的自然生态和城市休闲活动空间。

图3.16　昆山森林公园（直译建筑　摄）

　　3. 风景名胜型公园

　　风景名胜型公园指位于城市其他绿地范围内，以文物古迹、风景名胜点（区）为主形成的具有城市公园功能的绿地公园。风景名胜型公园集中了珍贵的自然和文化遗产，是自然史和文化史的天然博物馆，比如浙江省杭州市的西溪国家湿地公园。

　　4. 休闲娱乐型公园

　　休闲娱乐型公园的主要功能是供市民休憩、娱乐，是公园中最常见的类型。

3.3.3　城市公园的设计特征

　　（1）城市公园具有景观多样性。城市公园设计具有景观复杂性与多样性，从而使景观生机勃勃，充满活力。

　　（2）城市公园具有生物多样性。健康的城市公园可以为多样的物种提供栖息地，是城市生物生存与发展的需要，是维持城市生态系统平衡的基础。

　　（3）城市公园具有公众感知与认同感。城市公园设计必须具备感知多样性、感官体验的复杂性以及对市民需求的适应性，以满足人们的各种需要，并赋予公园有益的重要体验。

3.4　城　市　绿　地

3.4.1　城市绿地的概念

　　城市绿地包括大面积的集中绿地和散布在各类建筑中的绿地，呈现出点、线、面等不同形态，以自然景观为主，人工游憩设施较少。其处理手法多种多样，不同的绿地可以形成不同的绿地空间，它的主要特点之一是开放性（图3.17）。

图3.17 城市绿地（于洪涛 摄）

3.4.2 城市绿地的类别及形态特征

1. 公园绿地

公园绿地是指对公众开放，以游憩为主要功能，兼具生态、美化等作用，可以开展各类户外活动的、规模较大的绿地，包括城市公园、风景名胜区公园、主题公园、社区公园、广场绿地、动植物园林、森林公园、带状公园和街旁游园等（图3.18）。

图3.18 公园绿地（于洪涛 摄）

2. 居住区绿地

居住区绿地是对居住区范围内可以绿化的空间实施绿色植物规划配置、栽培、养护和管理的系统工程模式建立起来的绿地，包括居住区公共绿地、居住区道路绿地和宅旁绿地等。

3. 生产绿地

生产绿地主要指为城市绿化提供苗木、花草、种子的苗圃、花圃、草圃等圃地。它是城市绿化材料的重要来源（图3.19）。

图3.19 生产绿地（于洪涛 摄）

4. 防护绿地

防护绿地是指对城市具有隔离和安全防护功能的绿地，包括城市卫生隔离带、道路防护绿地、城市高压走廊绿带、防风林等。

3.4.3 城市绿地的形态特征

（1）绿茵如毯是对城市绿地设计特征的一种概括。也就是说，绿地在设计手法上常常以"面"的形态呈现。

（2）城市绿地设计形态可以是规则的几何形形态，也可以是不规则自由的曲面形态。

（3）城市绿地一般要因地制宜，可以是平面的，也可以建在坡面上。

（4）城市绿地以"绿期长"为最高追求，因此在不同地区应采用不同的草种，以达到长期见绿的目标。

3.5 城市节点空间

3.5.1 城市节点空间的概念

城市节点空间是指依托于城市交通系统，具有高度可达性、功能集聚性、景观公共性，空间规模较大，在汇聚转接中实现对人群调配的特定空间。

城市节点空间通常是在城市广场或道路交叉口，或河道方向转变处等非线型空间。城市节点空间具有连接、聚集、转换、象征等作用，是城市文化建设和城市精神营造的重要场所（图3.20）。

图 3.20 城市节点空间（于洪涛 摄）

3.5.2 城市节点空间的类别及形态特征

1. 道路交叉口

以道路交叉口为主导的，辐射周边建筑及环境的节点空间。

2. 城市广场

以城市广场为主导的，开放空间较大，辐射周边建筑及环境的节点空间。

3. 建筑群体

以完整建筑群体为主导，隐藏在城市结构中，是对周边"建筑"肌理的嵌入式建设或升级。如世界上第一个口袋公园——佩雷公园（图3.21），它位于美国纽约53号大街高密度的城市中心区，占地仅390平方米，在如此有限的空间里，佩雷公园通过水墙、树阵广场、垂直绿植、小型景观小品的设置，为人们在快节奏的城市生活中提供了一个逗留处，犹如钢铁丛林中的绿洲（图3.22）。在当时，佩雷公园的出现为城市公共空间开辟了一种高性价比的新形式。

3.5.3 城市节点空间的设计特征

（1）城市节点形成于城市交通路径上。

（2）城市节点具有汇聚、转接作用，实现对人群的调配。

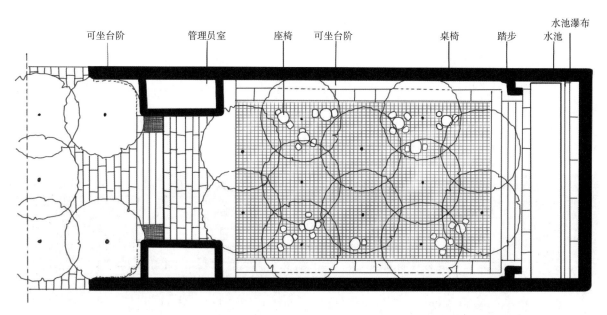

图 3.21　佩雷公园平面图（刘艺　绘）

图 3.22　佩雷公园手绘效果图（刘艺　绘）

（3）具有景观空间的公共性。

（4）具有视觉主导性。

（5）对城市空间具有调控作用。

3.6　城市社区公共空间

3.6.1　城市社区公共空间的概念

城市社区公共空间是城市公共空间的重要组成部分，是在市民居住社区内建造的天然与人工相结合的活动区域。城市社区公共空间具有开放性和公共性两种基本属性，与社区居住的私密空间相辅相成，多以街心花园、小区景观、小型广场形式呈现。社区内的公共空间主要服务于在这个社区内工作生活的广大居民，为居民提供一个休闲场所。社区的公共空间通常是建筑实体之间存在的开放性空间，同时包括社区内的广场和绿地，是社区居民进行交往、举办各种文体活动的开放性场所（图3.23）。

图3.23　城市社区公共空间（于洪涛　摄）

3.6.2　城市社区公共空间的类别及形态特点

1. 街心花园

一个社区通常由一条或多条街区组成，在街区出入口或交接处设立街心花园，可供居民在户外时休闲锻炼、出行歇息、街坊四邻交流使用。街心花园也是城市节点空间的一种形式，通常种植灌木、乔木、花卉、草坪等植物，设有长凳、石凳、石桌、连廊、体育设施、儿童滑梯、秋千和景观小品等设施（图3.24），有的街心花园还设有卫生间、直饮水、报亭等辅助设施。

图3.24　街心花园（于跃　摄）

图3.25　小区景观（于跃　摄）

2. 小区景观

小区景观也称小区花园，一般建在小区内部，供小区居民休闲交流使用。大型小区会设有几个小区花园，并以不同的设计特色呈现。小区花园的内容可繁可简，多有喷泉、跌水、树木、花卉、草坪、体育设施、儿童活动设施、亭、廊、坐凳、奇石、景观小品等。小区景观的设计风格多采用西式或中式园林设计元素，也有中西合璧方式。西式风格往往将灌木修剪成几何造型，路径铺装精细且呈直线，景观雕塑也利用西式元素。中式风格则多中式亭台，梅兰竹菊等植物元素以点景的方式融入其中，公园小路多用S线造型，有曲径通幽的意境（图3.25）。

3. 小型广场

大型社区内一般设有小型广场，广场四周按照不同功能进行分区，有体育锻炼区、儿童娱乐区、小型花园区等。中心则空出较大场地，供社区居民举办大型活动使用，如广场舞会、歌咏诗会、文艺演出、元宵灯会、商业活动等（图3.26）。

图3.26　小型广场（刘艺　摄）

3.6.3　城市社区公共空间的设计特征

（1）城市社区公共空间的设计形态相较于其他城市公共空间来讲是一个相对封闭和私密的空间环境，人们生活在这种社区环境中，不必担心来自外界的各种干扰，设计应使人具有安全感和舒适感。

（2）城市社区空间的道路要有主次，并根据场地高差设置阶梯、无障碍坡道等。

（3）城市社区空间应具备良好的空间环境与景观、安全的生态环境、充足的光照、良好的通风、丰富的植物配置、良好的休闲运动场所等条件。

3.7　城 市 天 然 廊 道

3.7.1　城市天然廊道的概念

廊道是景观生态学中的一个概念，指不同于两侧基质的线状或带状景观要素，城市中的道路、河流、各种绿化带、林荫带等都属于廊道。城市中的河流、湖水是城市中宝贵的自然资源，沿河形成的天然廊道空间，既有利于城市生态，又可以使城市公共空间类型更加生动活泼。

城市天然廊道指在城市生态环境中呈线性或带状布局的，能够沟通连接空间分布上较为孤立和分散的生态景观单元的城市公共空间类型。天然廊道不仅仅是道路、河流或绿带系统，从空间结构上看，更主要的是指由纵横交错的廊道和生态斑块有机构建的城市生态网络体系，使城市生态系统基本空间格局具有整体性和系统内部的高度关联性。

城市天然廊道的重要结构特征包括廊道长度、廊道宽度、廊道曲度、内部主体与道路的连接关系、周遭嵌块体的位置与环境坡度、廊道的时序变化、生物种类、植物密度等。通常，天然廊道内可能有一个特殊的内部主体，如溪流、河川、道路、小径、沟渠、围墙等。廊道的宽度及其内部主题所在环境、动植物群落的特性、物种的组成及丰度、廊道形状、连续性以及生态廊道与周围缀块或基底的相互关系是影响廊道结构的关键因素。

3.7.2　城市天然廊道空间的类别及形态特点

1.山脉型天然廊道

山脉廊道是城市的生态屏障，也是重要的生态源地，相依相连的山脉廊道不但有利于各种生物的栖息与繁殖，而且能调节城市气候。山脉廊道是城市规划中严格控制的非建设用地，应加以保护，禁止挖山、采石、乱砍滥伐林木等破坏行为，对已破坏的地区进行生态恢复，提高山体植被的覆盖率，建设连续的山脉廊道体系（图3.27）。

图3.27　山脉型天然廊道（于洪涛　摄）

2.道路型生态廊道

道路廊道是人们体验周围环境的直接途径，也是城市社会经济活动的主要纽带。在城市交通道两侧设置一定宽度绿化带起到分隔交通、净化空气、减少噪声、美化城市的作用。在绿化设置中，要确定道路总宽度中以何种方式布置占有一定比例的绿地。例如，在道路断面中设几条绿带，采用何种形式布置，能否安排街头休憩绿地或其他形式的绿地等，还要考虑各种市政管线、人行道与绿化带有无矛盾（图3.28）。

图3.28　道路型生态廊道（于洪涛　摄）

3. 河流型天然廊道

城市中的河流水系由小溪汇聚成江河，形成树枝状的景观格局，这种分布广泛而又相互连接的空间特征为河流廊道体系的构建提供了天然依托（图3.29）。以往城市发展中未考虑城市河流的景观价值，河流仅作为城市排污、排涝、航运设施来建设，致使河流水质污染，河道景观遭破坏。适当地对河流廊道进行干预可以改善这种情况，如流经浙江省嘉兴市乌镇的这条运河，以前的作用是漕运，现在则兼并旅游业和防洪排涝作用（图3.30）。

图3.29　河流型天然廊道（于洪涛　摄）

图 3.30　浙江乌镇运河

3.7.3　城市天然廊道空间的设计特征

（1）由于天然廊道有着蜿蜒曲折的边界，应尽量保持廊道的天然属性，空间形态根据天然廊道的原有形态进行设计，不对其形态进行过多破坏。

（2）天然廊道空间要根据场地原有高差、坡面等其他场地因素进行设计。

（3）在种植上应尊重天然廊道原生态，尊重生物多样性，保护与利用相结合，避免过度开发、改造带来的人为破坏。

CHAPTER 4

第4章

城市公共空间设计的原则、方法及表现形式

4.1 城市公共空间的设计原则

4.1.1 城市街道的设计原则

1. 因地制宜的设计原则

每条街道的形成与发展都有一定的自然属性和文化属性，其中人的活动在其中起到了主导作用，街道受到人们的生活方式和观念的影响，每条街道都有属于自己的文化内涵及特色。在街道设计过程中，要遵循因地制宜的原则，提出切实符合街道的发展规划策略，从人们生活需求的角度出发，设计出既符合街道特色，又便于人们生活的街道。

2. 可持续发展的设计原则

街道不管是重建或是改造，应当落实可持续发展原则，将区域内的自然景观、人文景观、生态资源等进行保护和利用，使得这些宝贵的资源能够发挥更大的价值，造福人类。"绿色街道"就是将街道雨水管理与街道景观建设结合的生态可持续方式的探索（图4.1）。

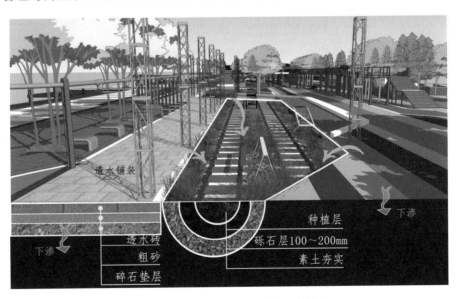

图4.1 雨水收集概念图（作者：刘艺）

3. 整体性的设计原则

街道设计过程中，既要尊重因地制宜，又要注重整体性的发展原则，道路、交通、行人、周边环境等都统属于一个整体，在设计过程中结合地形、人的生活方式、生态环境等全方位设计，使得设计出的街道既有地方特色，又满足整体性的和谐。

4. 可识别性的设计原则（尊重城市历史文脉的延续）

近年来，我国很多城市的老城区被改造，很多街道与原来的历史风貌相比发生了翻天覆地的变化，有些老城区具有活力的生活性街道被改造成冰冷宽阔的交通道路，街道在改造的过程中已经失去了可识别性。根据不同等级、不同功能的街道进行不同的设计，既能体现城市的地方特色，又能形成特色的街道空间。比如北京的南锣鼓巷是北京最古老的街区之一，它完整保存着元代胡同院落肌理的传统民居，步行街的改造将它的老北京风貌与各色小店完美结合，不仅将街道重新利用起来，还保留了北京胡同的特色，构成了南锣鼓巷独特的魅力与风情（图4.2）。

图 4.2　北京南锣鼓巷

4.1.2　城市广场的设计原则

1. 以人为本的人性化设计原则

城市广场的使用应充分体现对"人"的关怀，古典的广场一般没有绿地，以硬地或建筑为主；现代广场则出现大片的绿地，并通过巧妙的设施配置和交通，竖向组织，实现广场的"可达性"和"可留性"。现代广场的规划设计以"人"为主体，体现人性化，其设计更进一步贴近人的生活。

2. 突出主题原则

城市广场无论大小，首先应明确其功能，确定其主题。围绕着主要功能，广场的规划设计就不会跑题，就会有"迹"可循，也只有如此才能形成特色和内聚力与外引力。是交通广场、商业广场，还是融纪念性、标志性、群众性于一体的大型综合性广场，要有准确的定位。

3. 充分考虑气候条件的原则

城市广场应适应当地的地形地貌和气温气候等。城市广场应强化地理特征，尽量采用富有地方特色的建筑艺术手法和建筑材料，体现地方山水园林特色，以适应当地气候条件。如北方广场强调日照，南方广场则强调遮阳。一些专家倡导南方建设"大树广场"便是一个生动的例子。

4. 地方特色文化的原则

城市广场应突出其地方社会特色，即人文特性和历史特性。城市广场建设应承继城市当地本身的历史文脉，适应地方风情民俗文化，突出地方建筑艺术特色，有利于开展地方特色的民间活动，避免千城一面、似曾相识之感，增强广场的凝聚力和城市旅游吸引力。如济南泉城广场，代表的是齐鲁文化，体现的是"山、泉、湖、河"的泉城特色（图 4.3）；广东新会市冈州广场营造的是侨乡建筑文化的传统特色；西安的钟鼓楼广场则注重把握历史的文脉，整个广场以连接钟楼、鼓楼，衬托钟鼓楼为基本使命，并把广场与钟楼、鼓楼有机结合起来，具有鲜明的地方特色。

图 4.3　济南泉城广场

4.1.3　城市公园的设计原则

1. 以人为本的设计原则

公园景观设计应以保障绝大多数居民的大部分基本活动要求为原则，以"以人为本"的设计目的为出发点，体现出景观对人的关怀。尤其是城市中心区域的城市公园，更应该在设计上体现人性化，从可进入性、活动多样性、环境宜人性等方面，更多地从人的需求角度展开设计，与城市功能相互渗透、相互融合。

2. 生态性的设计原则

公园景观设计要尽量对原始环境进行保留利用，减少土方量。在造景过程中，植物尽量以较为稳定的植物群落形式存在，多选用乡土树种。从近期、中期、远期综合考虑，合理搭配速生、中生及慢生树种，保证景观的持续性。

3. 安全性的设计原则

儿童和老年活动区要远离园内主干道，保证其在活动时的安全性。注意设施的细节，如尺度及做防滑处理，并进行无障碍设计。

4. 舒适性的设计原则

任何设计都不能脱离场地本身来设计，在设计过程中应考虑场地本身特点及要素，通过清晰的结构、明确的景观层次和空间布局，配合适宜的项目设施，提高公园景观的舒适性，如图4.4所示的济南大明湖公园。

图4.4　济南大明湖公园（于洪涛　摄）

5. 特色化的设计原则

公园作为一种社会文化财富，必须保持它所在地域的自然、文化和历史方面的特色。文化是城市景观的灵魂，因此，在公园规划设计中要更好地发掘、表达、传承传统文化，展现地方特色。

6. 经济性的设计原则

在公园景观设计中，要正确处理近期规划和远期规划的联系，从节能、节水、节材、节地以及资源的综合利用和循环利用等方面使公园在节约能源、养护、管理等方面都能产生较好的效果，提高其利用效率。

4.1.4　城市绿地的设计原则

1. 开放性原则

城市绿地作为重要的城市公共开放空间，同时结合陆地区域的开放性绿地，能创造出具有丰富层次感的多功能景观环境空间，是自然赋予城市最宝贵的财富。在开放性的设计上，一是做到空间形态开放性，结合不同功能区域的使用面积，满足人群休闲的需要；二是做到交通联系开放性，绿地空间与城市相邻的部分要过渡自然，出入口充分结合城市肌理，将绿地景观区域融入城市中。

2. 系统性原则

城市绿地的设计应遵循系统性原则，从区域的角度出发，将城市周围地区纳入城市绿地系统总体规划当中来，增强城市绿地系统的综合功能。在城市绿地规划中合理布局、均衡分布、完善结构，使城市绿地系统以完整严密的网络形态包络城区。再结合人们的各种活动组织室内外空间，运用点、线、面相结合形成系统性的区域空间，使绿化带向城市扩散、渗透。

3. 生态性原则

一是在设计时注重保持自然状态，如生态岛、生态驳岸和大量乡土植物的设计理念，以其独特的形态及设计理念（图4.5），强调要尊重当地历史，注重生态环境的重建；二是运用原有的生态材料，在景观设计时应当考虑生物多样性，尊重场地现状，做最小化设计，营造丰富多样的生境条件，满足原有生物的生存需求，使生态系统得以良好运转，兼顾景观与生态效益。

图 4.5　浦阳江生态廊道

4.1.5　城市节点空间的设计原则

1. 交通引导原则

城市节点形成于城市交通路径上，对城市交通具有标识、引导的作用，设计时不能有高大的构筑阻碍视线，要注意空间视野的通畅性。

2. 空间集散原则

由于其特殊位置，城市节点空间具有汇聚、转接作用，实现对人流的聚集、疏散，设计时应保证节点空间交通流线的流畅。

3. 标识性原则

城市节点空间往往位于城市广场或道路交叉口，是城市文化建设和城市精神营造的重要场所，在节点空间的设计过程中，应体现该城市的特色，对提升城市形象具有重要作用。

4.1.6　城市社区公共空间的设计原则

1. 坚持生态化设计原则

社区公共空间本身是一个动态系统，它具有较强的流动性，在城市的不断发展中，社区公共空间也在不断发展。因此，在城市社区公共空间规划建设的过程中，相关管理和设计人员应当以建设宜居的生态环境为中心，加大精力投入建设适宜的生态绿地，这样可以使人们更好地融入生态环境。

2. 地域性原则

城市社区公共空间建设应根据不同城市的特点、地理特性、历史环境，并结合GIS空间分析法[1]进行相适应的设计。在城市的整体发展过程中，社区空间建设是城市发展的重要部分。充分了解社区发展的特点，根据地域性特点来发展城市社区规划，使城市发展既具有自己的个性，又不脱离整体大环境的共性，从而提高城市的整体形象。积极从实际出发，因地制宜，为不同城市、不同区域设计不同的方案，制定合理的科学规划，遵循城市规划设计的原则，从根本上提高社区的整体质量，促进社区的可持续性发展。

3. 科学化原则

城市社区公共空间建设也应坚持科学合理的原则，在设计中按照相关的城市制度进行建设，并且要符合建设的基本要求。设计人员也应制定高质量、适用于实际的设计，规划符合实际的城市格局，加强资源的利用，对社区的整体规划有基本了解，规划要合理，不能过于单一，避免使社区居民们产生视觉疲劳。在社区中应坚持多样性的原则，对城市社区公共空间潜在的资源进行开发利用，并且使河流、湖泊和公园也衔接起来，形成一个完整的社区公共空间，保证植物的多样性，增加社区的新鲜感，满足人们的精神需求和物质需求。

4. 增强人文观念和生态化结合原则

在进行社区公共空间设计之前，要明确其目的是为居民服务，提高居民的生活水平和质量。因此，在设计过程中应以人为本，从人性的角度出发，建立一些比较人性化的空间景观，让人们可以真实地感受人文关怀。还可以对人们普遍接受和安全性较高的植物进行栽植，使社区的整体景观突出绿色城市的内涵，加强人们的环境保护意识。在社区公共空间设计中还可以选择具有城市和人文象征意义的植物栽植，并且加强对植物的看护，使它们可以在配置的过程中健康生长（图4.6）。

图4.6　社区空间（于洪涛　摄）

---

[1]　GIS空间分析法指在GIS（地理信息系统）里分析空间数据，从空间数据中获取有关地理对象的空间位置、分布、形态、形成和演变等信息并进行分析的方法。

4.2 城市公共空间的设计方法

4.2.1 调研

"没有调查就没有发言权"。设计活动要建立在调研的基础之上，调研是设计项目运行的起点。市场调研对于设计组织而言，是对客户的调研和设计项目的市场调研。前者的目的是了解客户当前的设计风格、状态和需求动机，检验客户提出的设计目标是否切合实际，掌握客户能为实现设计目标提供多少资源支持等信息；后者是了解客户所处的行业、竞争者和消费者需求状况，确定设计项目怎样才能为客户带来利益，同时满足市场需要而又具有竞争力。调研的目的是为设计目标的实现提供客观信息，为下一步的策划和创意提供基础。

城市公共空间设计的调研可以粗略分为三个部分：

（1）对场地区域历史、人文、气候等进行调研。可以通过网上搜索、图书馆、博物馆资料查询等方法对该区域的人文历史和地理状况进行细致地了解，为空间设计、植物配置等做铺垫。

（2）对场地现状进行调研。一般指到设计场地的现场，进行现有状况的调研，通过画图、拍照等记录方式对场地交通、周边环境、场地肌理、铺装材质等进行实地的考察，采集设计所需的真实有形和可实践操作的素材。

（3）对该场地受众需求的调研。场地与受众是息息相关的，可以通过发布网络调查问卷和实地采访市民的方式对场地受众、消费者的需求进行了解，获取受众的意见和想法，在设计时做到以"人"为本、为"人"所用。

4.2.2 策划创意

当设计调研结束后，接下来就要为设计的实施做出整体的策划。设计策划是对项目实施前进行的预想和规划，目的是通过未雨绸缪的筹划，使项目能够如期完成并获得最大的效益。设计策划需要在调研的基础上，结合客户、消费者和设计组织的利益，确定项目目标。本着高效低耗的原则，对项目成员进行组合，开展对项目流程、难点节点、资源配置和成本控制的一系列谋划。不仅要设计最经济的实施手段，还要对可能出现的变化制定相应的对策。

创意是设计的灵魂。创意是在调研、策划的基础上对设计项目的特色和卖点进行归纳和集结，为设计项目创造个性化特征，为下一阶段设计表现奠定基础。创意需要项目成员通过对前期资料的梳理，展开头脑风暴，拿出个性化的创造性意见，然后结合项目目标，筛选出最佳创意方案。

4.2.3 草图设计

创意完成了对设计目标的主观推断，设计草图就是要将这种主观想象下进行客观形象的描述对创意点进行多种形式的形象表达，这一阶段，设计的表达是不受拘束的，任何可以传达信息的介质都可以用来做草图设计。硫酸纸（图4.7）、白板、图片、视频、电脑等都可以作为媒介，只要它可以表达你的想法。

草图设计有两个特点：一是快速；二则是要把设计表达清楚，可以准确记录自己的灵感，同时方便设计团队间的交流。草图是设计之初，有了构思可以用草图的方式第一时间记录下来，是最捷径的办法；另外，草图画多了可以反过来帮助策划创意，对设计方案增添新想法；草图还能够在第一时间与设计团队或甲方进行交流，可以最快、最直观地让别人看到你的想法。草图是设计的基础，只要掌握好这个工具，就会给设计带来很大的帮助。

草图设计的阶段大概有以下三种：

（1）创意联想草图。创意联想草图是将创意概念转换为图形概念的第一步，需要在对创意充分

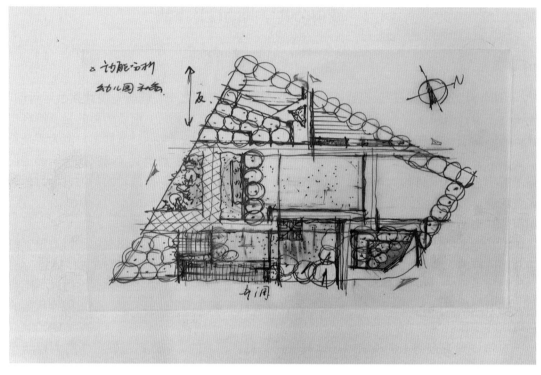

图 4.7　草图设计（硫酸纸）

理解的基础上，将创意概念中传达的主旨内涵寻找到适合的图形加以表达，进行大量的手绘草图表现，这时创意概念成为图形概念的起点和目标。在创意图形联想绘制的过程中，要充分发挥图形语言对创意概念的能动作用。在创意概念面前，图形表现不是被动的命题绘画，而是运用图形语言更直观的表达魅力，创造性地完成对创意目标的升华和展现。

（2）整合样式草图。整合样式草图，简称样式草图，是将联想性进行类比筛选，将合适的甚至超越创意概念的图形或几个草图加以融会形成的草图。样式草图的突出特点是具有整合性的特征。整合样式草图的思维方式类似于创意阶段的发散与集聚的效应，通过设计师多幅草图的绘制获得不同形式的创意表达方案，从中筛选出适合的一个或几个方案进行整合，确立为可继续深入设计的样式草图。

（3）确定坚定草图。坚定草图是在整合后的样式草图的基础上进一步细化、更加接近最终实施效果的预想方案图，图中包含了具体的图形、色彩、材质、尺寸、体量感等具有可实施的元素。

4.2.4　正稿及模型设计

通过草图对设计想法进行初步的描绘后，设计就进入更为规范和直接的正稿及模型设计阶段。正稿设计将在大量的草图绘制基础上进行筛选和整合，确定一个最适合创意需要和设计目标的图形，并对创意点进行多种形式的形象表达。在正稿中，要注意尺度以及图形的准确表达，以最恰当和美观的方式呈现设计。色彩与图形是不可分割的孪生兄弟，合适的色彩表现将对项目效果起到强化作用。但无论图形还是色彩都应赋予全新的内质，才能实现项目质的飞跃。完整的设计系统要求正稿将图形元素延展至系统的每一环节，以期达到整体风格的一致。

模型设计则是更为直观的设计表达，设计师可以通过 SU 建模（图 4.8）或等比例缩小制作手工模型的方式（图 4.9），将设计进行立体的呈现。模型是一种将构思形象化的有效手段，能够将三维概念的空间关系准确地表达出来，利用模型可以激发更多的创造力，也能够使设计师及时发现设计中的问题并进行优化。

图 4.8　SU 建模（作者：刘艺）

图 4.9　手工模型

4.2.5 实施

经过前期的调研、策划、创意、设计表现等环节之后，设计项目最终需要通过设计实施来完成设计目标和任务。设计实施需要通过材料的选用和组合、工艺技术的加工来实现。项目实施的质量是设计组织的立业之本。在此过程中，材料的选择、植物配置的落实、工艺的实现、流程进度的把握、组织内外关系的沟通与控制都非常重要，对设计的最终呈现起着决定性的作用。设计项目实施的工作，有时不是由设计组织的设计师亲手去操作执行的，而是借助其他组织来实现，但不论主体有何差异，实施的过程都需要设计团队严格把控，这样才能把握好质量，实现项目目标（图4.10）。

设计实施阶段是设计项目使用各种资源最集中的阶段，对项目的最终结果起着关键性的作用，因此，实施控制显得格外重要。设计项目的实施控制贯穿于设计实施的过程之中，既要有总体控制，又要有分项控制和阶段控制。总体控制是要对项目的局部阶段状况与项目的整体计划加以衡量，从项目的分项目标出发，既包括分项控制，又包括阶段控制的内容；分项控

图 4.10   设计实施阶段图

制是对设计项目的内容进展情况加以了解和评价，是从项目组成要素的角度加以控制；阶段控制主要是从时间角度对项目的开展状况加以控制。

4.2.6 反馈与总结

设计项目实施完成后，对设计师而言并不意味着工作的结束，设计师应该对设计项目的反馈进行总结。项目实施的过程中会对主体工程予以高度的关注，细节上会由于进度的关系而关注不到位，因此，作为设计师，必须充分认识到细节对于设计项目的意义，要从主观上明白细节是整个项目的一部分，项目的完美程度从某种意义上讲不仅取决于项目主体而更倾向于细节。空间设计项目的实施主体完成后，植物配置的错位、铺装材质的不准确都会成为设计项目的瑕疵。因此设计师应在每次设计项目中进行总结，及时发现错误并进行优化，以便为今后的设计实施积累经验。

4.3 城市公共空间的设计表现形式

4.3.1 总平面图

总平面图也称为"总体布置图"，是指按一般规定比例绘制，通过指北针、等高线等绘图要素来表达场地环境、构筑物的方位和间距、道路网、绿化、场地边界和总体布局等基本情况的图样。

　　总平面图以宏观的没有透视的俯视角度展示设计的概念形式、方案思路、区域划分、空间关系，将设计师对于空间的设计内容于图面之上进行综合表达（图4.11、图4.12）。

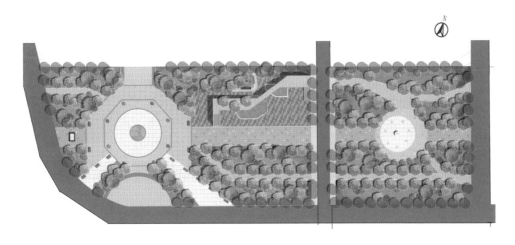

图4.11　学生作业：济南洪楼广场改造设计平面图
（作者：颜婕蕾、靖莹、尹梦涵、臧可、张新玮、宋国恺）

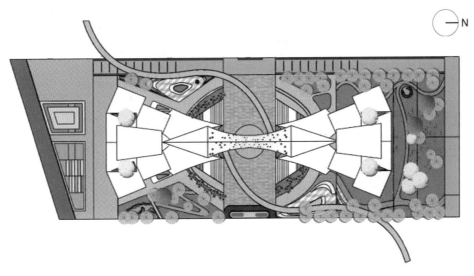

图4.12　学生作业：舜井文化广场改造设计平面图
（作者：陈虹甫、王鑫泉、相智皓、孙荣、董家蔚、刘洺柯）

4.3.2　鸟瞰图

　　鸟瞰图是根据透视原理，用高视点透视法从高处某一点俯视地面起伏绘制成的立体图。简单地说，就是在空中俯视某一地区所看到的图像，比平面图更有真实感。图上各要素一般都根据透视投影规则来描绘，其特点为近大远小，近明远暗。如直角坐标网，东西向横线的平行间隔逐渐缩小，南北向的纵线交会于地平线上一点（灭点），网格中的水系、地貌、地物也按上述规则变化。鸟瞰图可运用各种立体表示手段，表达地理景观等内容，可根据需要选择最理想的俯视角度和适宜比例绘制。

　　鸟瞰图类型分为一点透视鸟瞰图——推动中心节点的空间设计（图4.13）和两点透视鸟瞰图——推进区域总平面的设计（图4.14）。

图 4.13　一点透视鸟瞰图
（作者：陈虹甫、王鑫泉、相智皓、孙荣、董家蔚、刘洺柯）

图 4.14　两点透视鸟瞰图
（作者：颜婕童、靖莹、尹梦涵、臧可、张新玮、宋国恺）

4.3.3　立面图及剖面图

1. 立面图

立面图是从正对着方向看到的形状，房屋长、高，层数、门、窗、各种装饰线并示出外墙面材料、色彩，注出各层标高等，只绘出看得见的轮廓线（图 4.15）。

图 4.15　学生作业：舜井文化广场设计改造立面图
（作者：陈虹甫、王鑫泉、相智皓、孙荣、董家蔚、刘洺柯）

2.剖面图

剖面图是假想用剖切面（平面或曲面）剖开物体，将处在观察者和剖切面之间的部分移去，而将其余部分向投影面投射所得的投影图。剖面图可以呈现出物体的立体分布和垂直结构，为读图者提供该物体不常见的视角。图4.16中的建筑剖面图展示了建筑的内部空间、材料、分隔空间的墙体等，将不直接可见部分进行了可视化的表达。

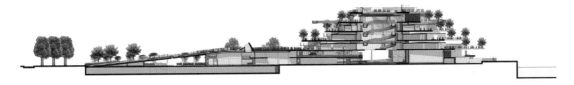

图4.16　剖面图

4.3.4　效果图

效果图是对未来项目成果的预见和理想蓝图，富有审美感的图纸本身也是一件作品，同时也是设计项目的阶段性成果。效果图的呈现有两种：一是手绘效果图，即将设计内容用手绘的方式，以较为接近真实的三维效果展现出来，手绘稿在20世纪80年代至90年代中期曾是效果图主要的表现手段，许多设计表现高手创造了丰富多彩的效果图表现技巧，至今看来仍然叹为观止。有些包装上的小字都是由设计师手绘而成。手绘效果图的特点是概括凝练、气韵贯通、具有绘画的审美取向，常用到的工具有彩铅、马克笔或用电脑手绘等（图4.17）。二是通过计算机三维仿真软件技术来模拟真实环境的高仿真虚拟图片（图4.18），20世纪90年代中后期，随着计算机行业的蓬勃发展和设计软件的普及应用，效果图开始进入了电脑表现阶段，由于手绘效果图效率低、逼真感差、不可复制、过于强调艺术性而与实际实施效果相去甚远，而逐步被电脑效果图所替代。电脑效果图由于修改简便、便于复制、效果逼真，已经成为设计表现的主要形式。模型也经历了由手工到电子设备制作的过程，这完全来自于科技的进步、时代的发展和设计师们学习掌握新的表现工具的成果。

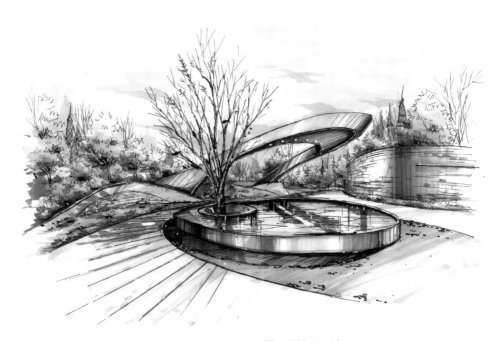

图4.17　手绘效果图（王鑫泉　绘）

图 4.18　渲染效果图（作者：刘艺）

效果图表现应该沿以下原则进行：①效果图表现要忠实于实际材料，尽量与能够实现的色彩、材质接近，不要只顾追求图样的美感而脱离实际，造成实施时无法实现；②效果表现应对设计项目的难点与节点进行重点表现，使前期的理论推理能够在图样或者是模型小样上充分体现，为项目实施做好准备，扫清障碍；③尺度比例与实际效果等比例表现，不要因为夸张的表现而产生重大变形，不能直观地反映实际情况；④对有些类型的设计如空间设计要进行多角度的表现，不能以偏概全致使效果图样不能完全的表现项目全貌；⑤无论是效果图还是模型小样都应存留模板，以供修改之用。

4.3.5　虚拟现实导览视频

随着高科技在设计领域的发展，动态的表现设计效果图样已经成为现实。动态图样因其可以全方位、多角度地展示设计项目的设计表现状况，已经越来越受到设计组织的重视和客户的认可，多媒体设计作品因其本身就是以时间和虚拟空间进行展示的。空间类的设计项目以往表现的手段是静态的效果图展板或微缩模型，但现在用计算机设计软件将城市公共空间设计制作成动态的表现形式，这对于设计师来讲并非难事，因为效果图是选择了某个角度对空间的预想效果进行了定格表现，而动态表现就是将未来项目的虚拟空间中加入"人"的参与，即以观赏者的视角全程的浏览项目的虚拟空间，如同人在空间中游走，这种技术被称为动态漫游，可以较为直观、真实而富有感染力的表现空间项目的效果。主要使用的软件有 3DS、3DMAX、MAYA 等，软件可以将各类材质的效果直接表达出来，运用软件中的镜头和灯光等设置，能够逼真地设计出虚拟的现实效果。

第 5 章

城市公共空间设计的形式美法则

5.1 尺度与比例

尺度与比例是指人与周边的物与环境、物与物、物与内外空间在长短、宽窄等尺寸上的比率关系。人们的空间行为是确定空间尺度的主要依据，包括各个单体造型之间的体量大小对比关系和由建筑物围合的较大空间的体量大小比关系。巧妙地利用空间体量大小的对比作用可以取得小中见大的艺术效果，方法是采用"欲扬先抑"的原则。小中见大是相对的大，人们通过小空间转入大空间，由于瞬时的大小强烈对比，会使这个本来不太大的空间显得特别开阔（图5.1）。

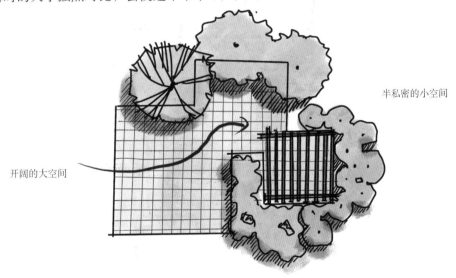

半私密的小空间

开阔的大空间

图 5.1 空间尺度对比（刘艺 绘）

5.2 形 状

图形表现是视觉设计的主要形式之一。图形表现的目的是展现创意，传递设计项目所要传达的信息，同时给观者以非凡的视觉享受。城市公共空间的设计形状主要体现在平面、立面形式上的区别。方圆、高低、整齐与自由，在设计时都可以利用这些空间形状上互相对立的因素来取得构图上的变化。从视觉和心理上来讲，规矩方正的单体建筑和庭院空间易于形成庄严的气氛（图5.2）；而与自由的形式相比，如按三角形、六边形、圆形和自由弧线组合的平面、立面形式，则易形成活泼的气氛（图5.3、图5.4）。同样，对称布局的空间容易给人以庄严的印象；而非对称式布局的空间则给人一种活泼的感觉。庄严或活泼，取决于功能和艺术意境的需要。

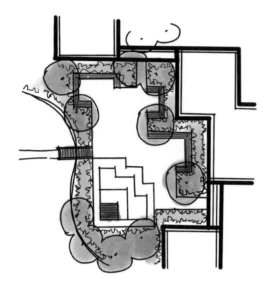

图5.2　矩形主题空间（刘艺　绘）

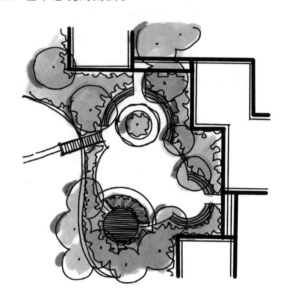

图5.3　圆+弧形主题空间（刘艺　绘）

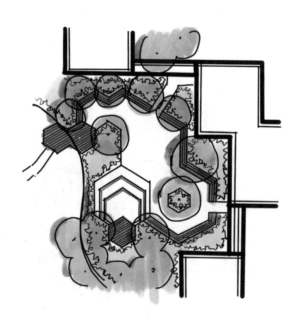

图5.4　六边形主题空间（刘艺　绘）

5.3　质感与肌理

质感是指材料的本质属性，这种属性不会轻易改变。如木头具有木头的质感，金属具有金属的质感。材质的质感与肌理是可以通过人们的视觉和触觉加以感知，如树皮的材质感觉粗糙而坚实，动物毛皮的材质感觉柔软而细腻，金属的材质感觉冰冷而坚硬。肌理主要是指材料表面的纹理与起伏特性，如树皮、兽皮肌理各不相同，分别体现着自身不同的肌理；通过人类长期的视觉与触觉体验，人们对不同材料的材质有了约定俗成的认识，直至上升为一种感知经验，当人们看到"不锈钢"这种材料就会产生冰冷光洁的联想，看到木器就会产生温暖亲切的联想。

　　不同的材质通过不同的手法运用可以在城市公共空间的设计中表现出不同的质感与肌理效果，如花岗石的坚硬和粗糙，大理石的纹理和细腻，草坪的柔软，树木的挺拔，水体的轻盈。将不同的材料结合运用，有条理地加以变化，将使景观更有内涵和趣味，以此给人带来丰富的感受，如硬质铺装、草坪、树木的肌理给人以多重的触觉体验（图5.5）。

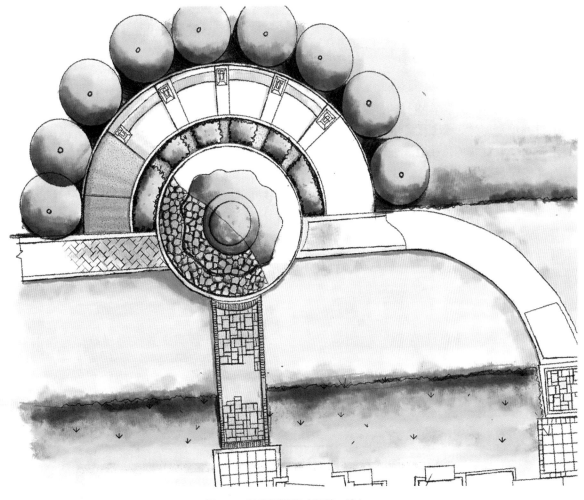

图5.5　质感与肌理（孙荣　绘）

5.4　色　彩

　　和谐的色彩体现着城市空间的活力，阐释着空间的构成，恰到好处地运用色彩的变化，能够起到丰富空间的作用。色彩处理也可以作为增强空间识别性的手段。城市公共空间是形态各异、千姿百态的，如果要强调空间的个性，必须通过一定的方式进行区别，便可以用色彩处理的方式来增强该空间的可识别性，避免单调、乏味的感觉。如图5.6（a）所示，互补色的搭配在视觉上有强烈的对比，颜色大胆，冲击力强；而图5.6（b）中的颜色反差不会太大，视觉上大致统一，在空间设计的应用上，会给人协调、舒适的感觉。

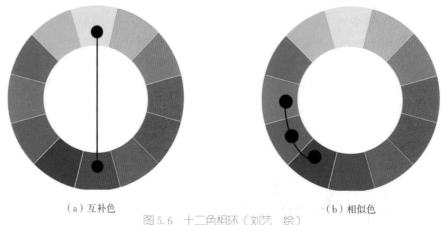

（a）互补色　　　　　　　　　　（b）相似色

图5.6　十二色相环（刘艺　绘）

　　设计色彩是设计师在设计活动中在客观认识的基础上对色彩的主观性运用，运用时既要关注色彩本身的物理属性，又要关心色彩的人文属性。物理属性直接关系到设计物的功能，人文属性关系到色彩对于设计物的使用者——"人"对设计物的认知与好恶。物理属性与人文属性有时相对独立，有时又紧密地联系在一起。人类通过对大量不同色彩的感知产生了不同心理效应，这种心理效应又使色彩具有了象征意义，由此设计师借助不同的色彩可以传达不同的情绪、产生不同的联想，对于色彩的人文属性及象征意义要加以充分理解，才能根据不同项目的需求恰当地运用色彩，使色彩对项目的效果起到良好的表现作用。我国民间有着"远看颜色近看花"的说法，充分说明了色彩对于设计物的重要作用。

5.5　主　　从

　　城市中成千上万的建筑是构成城市空间最主要的实体，但不可能每一幢建筑都成为主角。伊利尔·沙里宁曾经对这一问题深刻地论述过："如果把建筑史中许多最漂亮和最著名的建筑物重新修建起来，放在同一街道上，如果只是靠漂亮的建筑物就能组成美丽的街景，那么这条街将是世界上最美丽的街道了。可是，实际上却绝不是这样的，因为这条街将成为许多互不相关的房屋所组

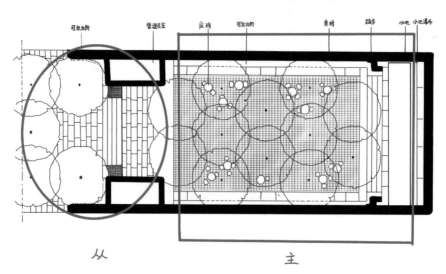

可坐台阶　　　管理员室　　　座椅　　　可坐台阶　　　桌椅　　　踏步　　水池 水池瀑布

从　　　　　　　　　　　　　　　　主

图5.7　佩雷公园的主从关系

成的大杂烩。如果许多音乐家在同一时间内演奏最动听的音乐——各自用不同的音调和旋律进行演奏——那么其效果将跟上面的一样，我们听到的不是音乐，而是许多杂音。"在城市公共空间的设计中，主从也十分重要，有主有从才能使整个空间层次丰富、形成多样体验和凸显空间的特色（图5.7）。

5.6　空　间　序　列

　　无论是整个城市还是城市局部范围的设计，都需要有良好的空间序列，在功能上应满足互动流通的要求，在空间效果上要能创造出所构思的环境气氛。如中国古典园林中"移步易景"的造园手法，通过以小见大的方式，巧妙运用花草树木、景墙、水景、雕塑等景观元素，塑造城市公共空间的流线和场景，营造出走到一个地方就有一番景致的空间。在城市公共空间的设计中，要注重城市空间及环境的相互关联，强调其空间的连续组织及关系，按一定的流线组织起空间的起、承、转、合等转折变化，塑造一种有机的、秩序的美（图5.8）。

图 5.8　圣彼得广场中的空间序列

CHAPTER 6

第 6 章

典型案例及分析

6.1 国内城市公共空间设计案例

1. 上海人民广场

建成时间：1994年

位置：上海

上海人民广场位于上海市黄浦区，是上海市的政治、经济、文化、旅游中心和交通枢纽。1994年改造竣工后的上海人民广场，全面提升了交通和景观功能。新人民广场南临武胜路，穿过上海博物馆、中心广场、人民大道、人民大厦，直至人民公园，各景点在中轴线两侧——对称展开，构筑了一道整齐壮观的风景线。整个布局既体现庄严、大方，又能容纳更多的游人（图6.1）。

图 6.1　上海人民广场

2. 香港西九龙站站前广场

建成时间：2018年

位置：香港

香港西九龙站是香港铁路有限公司的客运口岸站之一，同时也是广深港高速铁路的终点站。西九龙站位于九龙站综合交通枢纽和尖沙嘴商业区之间，南侧紧邻西九文化区，占地面积11 hm²。站前广场面积8900 m²，项目的设计师安德鲁·布朗伯格把该车站设计定义为超过3 hm²的"绿色广场"。该设计的目的之一就是引导人们登上屋顶去体验、欣赏屋顶花园的景观设计，把在城市广场中的人置身在植物之中，让人们在广场中就能欣赏植物所带来的优美景观。西九龙站很好地利用了地形的关系，建立了步行系统（图6.2）。

图 6.2 香港西九龙站站前广场

3. 张家口工业文化主题公园

建成时间：2019年

位置：河北张家口

张家口工业文化主题公园（图6.3）是张家口首个融工业文化、奥运文化和现代艺术为一体的大型公共城市休闲空间。张家口工业文化主题公园地处中心城区南口位置，占地面积11.2 hm²，整体呈"人"字形架构。在设计上，张家口工业文化主题公园注重勾陈与焕新——勾陈历史，焕新价值，营造有故事、有温度，独属于这一地带的公共空间。设计团队基本保留了完整的铁道，依据场地内现存两条主要的铁路走向，形成公园的人字形布局，东西向为人文轴线，展现张家口工业历史进程；南北向为运动轴线，结合冬奥会主题，以体育运动休闲公园作为主要功能形态。两个轴线的交汇处是火车头文化广场。张家口工业文化主题公园结合新与旧，连接过去、现在和未来，使得一堆支离破碎的历史废料获得价值，再次融入城市生机中。

4. 上海船厂河滨公园

建成时间：2019年

位置：上海

上海船厂河滨公园是由位于浦东河岸的原造船厂改造成的1 km长的滨河区。设计考虑到上海造船厂河滨公园作为上海新的河滨外观的一部分的重要性，公园的设计应包括政府对河两岸的更大视野，计划通过在社区和河流之间建立新的生活界面。改造后的上海船厂河滨公园设计了梯田草坪、圆形剧场、沼泽和草地以及自行车道和步道，创建的新的公共空间承载了一系列河滨公园和直线路径，并能遏制城市的季节性洪水，使得这些河流和河道为之前未有人居住的工业化边缘提供了生气（图6.4）。

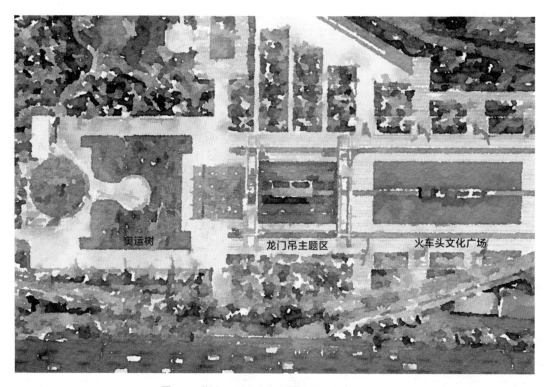

图6.3　张家口工业文化主题公园（刘艺　绘）

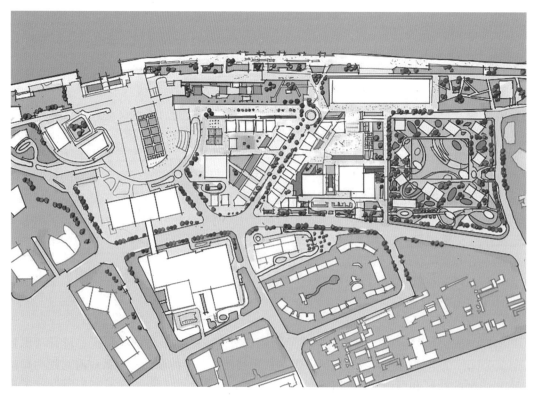

图6.4　上海船厂河滨公园（刘晓玉　绘）

5. 重庆文旅城滨河公园

建成时间：2019年

位置：重庆

重庆文旅城滨河公园是城市中难得的将原始自然河流区域内重新定义和塑造已被破坏部分的设计案例，并把人们的现代生活重新带入到这片自然里。设计将重庆峡谷森林中 3 hm² 的城市公共开放空间作为重庆文旅城滨河公园的初期建设，还有 5 hm² 的居住区用地融入自然的山林峡谷之中。其中在公园河谷西侧，有一条为铺设城市管网而开挖的 8 m 深的沟壑，像大地上一条深深的伤痕，撕裂了城市与天然河谷间的联系。设计师团队对此选择不破坏场地现有的大基底，而是顺应开挖后的沟壑深度和走向，重塑了一条流淌于河谷之畔的自然峡谷，真正地践行了保护文化和生态空间（图6.5）。

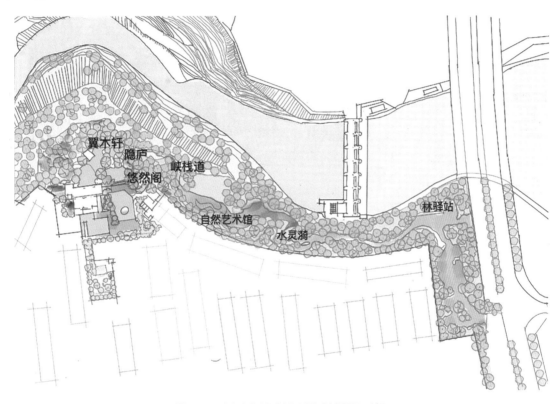

图 6.5　重庆文旅城滨河公园（刘晓玉　绘）

6. 长春万科蓝山社区街头公园

建成时间：2019年

位置：吉林长春

长春万科蓝山社区街头公园是一个旧厂房改造工程，园区分园区入口区、台阶休闲区和互动功能区三个空间，营造出"蕴酿""感触""情趣"的氛围。独具形式感的门庭成为走进空间的环境动线；"互动装置"的感官体验与"休闲大阶梯"的组合变化，强化了游客的体验感。门庭设计上采用旧厂外轮廓平面向立面线条过渡，以连廊构架使门庭和老柴厂旧墙融为一体，仿如连接古今。园内有6棵树，设计团队将廊架顶端开洞，使其镂空，给大树营造了良好的生长环境。空间环境和自然环境融为一体（图6.6）。园中设特色飘带坐凳一张，板凳上刻有"汽车城""电影城""森林城"，简简单单三个称谓就勾勒出了长春城特色。园区中还有极具设计感的共享电影投映、专用观台楼梯以及互动式地面投影装置和地面互动式地坪等，强化游客感官体验。在设计社区街头公园时，抽取了长春文化和旧厂房等文化元素进行互动感和体验感设备的设计，以吸引游人和环境产生良好互动体验。

图 6.6　长春万科蓝山社区街头公园（刘艺　绘）

7. 苏州国际设计周 XPORT · 小公园

建成时间：2020 年

位置：江苏苏州

小公园位于苏州市姑苏区观前街，是苏州老城区的中心，与苏州众多新老公园相比，小公园无论是体量还是内容都并不出众，但就是这个更像是小广场一样大的地方，周围簇拥着戏院、书场、剧场和人民商场等众多城市公共建筑。在小公园的更新改造中，设计团队对原有集装箱进行连接和重新组合，用一个艺术化的手法塑造出三组可以进行文创展示的展厅，展厅之间或聚合成组、或蜿蜒连通，作为对苏州园林中曲院回廊空间的一种当代性解读。另外，在展厅聚落的上空，黄色帷幔组合而成的天棚所带来的独特气质，也凸显了小公园在观前街街区的文化地标性，从城市中每一条街道前来的人们都会被醒目的天棚所吸引。本次改造设计通过加强小公园这个临时建筑群体强烈的几何特征和游园体验，试图能够在喧闹繁华的商业街街区中创造一个相对安静的文创场所，让大家在游园中感受文化，在设计中感受自然（图 6.7）。

8. 成都新希望种子乐园

建成时间：2020 年

位置：四川成都

成都新希望种子乐园设计园区面积达 20.33 hm²，设计借助低缓山谷的自然资源，以藤蔓交错关联的形象为灵感，以"一核一心一环三带"空间结构将自然野趣与园区深度融合，将多彩农田、欢乐草坪、Family Club、动物明星小镇、科普探险世界、小时候的食堂等游乐主题包罗其中，创造多重立体体验，让孩子们释放自由天性，让大人们重拾童真。新希望种子乐园内的五色稻田、竹艺构筑物、风水塘等也打造出了别具一格的场地特征和具有田园气息的公共空间，使得来这里体验的人们可以暂时远离城市喧嚣，享受田园风光（图6.8）。

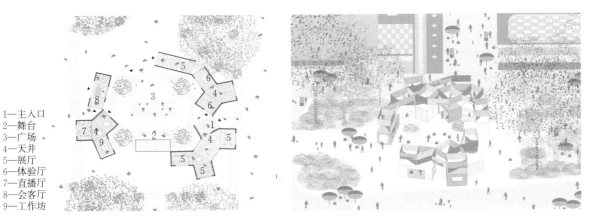

1—主入口
2—舞台
3—广场
4—天井
5—展厅
6—体验厅
7—直播厅
8—会客厅
9—工作坊

图6.7 苏州国际设计周 XPORT·小公园

图6.8 成都新希望种子乐园（师文丽 绘）

9. 武汉青山婚礼堂

建成时间：2020年

位置：湖北武汉

武汉青山婚礼堂坐落在青山江滩中部地点。2015年改建之前为武钢码头、砂场和粮食码头，长7.5 km。江滩改造保留了码头和吊车，采用"景观优先"的设计原则，并利用植物的组团关系营造疏密关系各异的空间效果。尤其强调不种一棵树的大缓坡草坪空间，目的是让游客在登上堤顶时，第一时间观赏到宽阔的长江江面，"视觉的亲水性"正是青山江滩改造设计中最核心的切入点。在设计中，建筑师借助堤顶与江边亲水平台间4 m高差，在其间架设了一条景观廊道，以此为轴线，使其产生序列美感；白色婚礼堂位于轴线最靠近长江的一边，与长廊采用同一个拱券造型（图6.9）。建筑师合理运用堤防高差和轴线设计出人车分流模式，并配合植物群落围合营造出逐渐"脱离世俗，向往纯净"的婚礼情绪路径。总的来说，在整体设计中没有单一地强调婚礼长廊与婚礼堂等建筑意识，而是通过对景观进行场地组织、植物设计、高差利用等使建筑与景观达到了完美统一。但在总体景观设计的基础上，又回到建筑学基本操作模式上来。

图6.9　武汉青山婚礼堂（刘艺　绘）

10. 水滴花园

建成时间：2020年

位置：广东深圳

水滴花园是深藏于深圳最热门商业街区万象天地4层和办公塔楼相连接的屋顶花园。由于使用群体多样，设计师们从"水滴有形"和"水滴无形"两种属性中得到启发，设计出一种同时满足商业活动与生活环境方式相兼容的水滴花园。该园林呈聚合空间形式，园林中心设下沉广场一个，以承载公共或者商业活动为主，广场周围边界均被高差不一的台地所包围，形成自然观众席。水池则围绕着喷泉形成水帘状结构，让水面具有一定高度并保持相对稳定的状态；此外，水景还有一个特殊功能——充当座椅及休息平台。水滴广场内布置一套互动性装置作为园内视觉焦点来增加园内趣味性和互动性，以吸引人们到这里来集聚休闲，同时，中央广场周边还有大小不一的口袋空间，北面布置"城市眺望台"，可以凭栏眺望；东面布置"园内榻榻米"，以提供宁静的社交环境；南面布置"袖珍花园"，变成一个更私密、更惬意的社交场所；西面布置"办公花园"，借助一系列富有弹性和趣味性的家具可以缓解紧张气氛。花园在承载商业街区观赏空间的同时，还充当着周边市民日常游憩的共享空间，给商业街区和居住环境带来生机（图6.10）。

图6.10　深圳水滴公园水滴装置（刘艺　绘）

11. 北京八角新乐园

建成时间：2021年

位置：北京

北京八角新乐园（图6.11）的设计师联合周边各种绿地和设施形成一个泛八角乐园体系，目的是将处于割离状态的居民，通过缝合城市的设计方式无障碍地进入到公共空间中来。项目场地原是位于北京石景山区的老山早市，摊贩密集、人多拥挤，暴露在220 kV高压线塔下的安全隐患给周边居民带来困扰。在场地西侧4 km的位置，是首钢西十冬奥广场，面对冬奥主干道的特殊位置、高压线塔的限制和八角街道居民的需求，北京八角新乐园将冬奥精神与冬奥运动带进社区，同时优化城市空间、提升居民生活品质，为八角打造出了新的面貌。

图6.11　北京八角新乐园轴测图

12. 长兴岛郊野公园

建成时间：2021年

位置：上海

长兴岛郊野公园（图6.12）位于上海崇明长兴岛，规划面积29.8 km²，几乎相当于整个长兴岛面积的1/5。长兴岛郊野公园是一座以"自然、生态、野趣"为特色的远郊生态涵养型郊野公园。规划定位为远郊生态涵养型郊野公园，以现状生态杉林、有机橘园和农田等优质生态资源相结合，致力打造自然野趣的生态环境、独具特色的酒店度假设施、时尚灵便的体育健身项目以及回归自然的田园生活体验，成为"上海市民的后花园，休闲度假的好去处"。长兴岛郊野公园园内分为综合服务区、文化运动区、农事体验区、橘园风情区、森林涵养区五大区域，可以满足市民的各项需求。

图6.12　长兴岛郊野公园（师文丽　绘）

13. 唐山人民公园

建成时间：2021年

位置：河北唐山

唐山人民公园（图6.13）位于河北省唐山市中心城区西北部，是西北片区唯一大型综合公园。现状基址呈西北至东南排布，被城市道路分隔为四个地块，总面积40.4 hm²。公园周边遍布居住社区，使得唐山人民公园成为与周边居民互动紧密的城市绿色空间，另外，公园的场地基址为曾在抗震时期发挥重要作用的唐山军用机场，公园具备的重要公共属性以及公园的设计也继承和延续了场地的历史文脉。设计以"编织城市文化，触媒幸福生活"为理念，挖掘展示机场抗震历史，创亲民活动空间，提供多元文化活动。

图 6.13 唐山人民公园（相智皓 绘）

14. 笋岗火车花园

建成时间：2021年

位置：广东深圳

笋岗火车花园(又称河西一路社区公园)坐落在有"中华第一仓"之称的深圳市罗湖区笋岗片区，紧邻广深铁路笋岗站，占地面积约1500 km^2。与其他城市公园不同的是，火车花园紧邻笋西社区宝龙嘉园小区，为人们提供了在家门口就可以共享花景、亲身参与实践的自然空间。花园依托深圳"共建花园"项目，采用"参与式设计和参与式建造"的方式，全过程引导社区居民共同参与，在共建、共治、共享理念下以笋岗火车花园为媒介，重新建立社区人与人的情感连接和邻里关系，并激活了消极绿地，实现了城市绿地微更新。根据对场地原有植物的调研，在设计时最大程度保护了原生的植物群落、丰富生物多样性，还较好地发挥了场地的文化特征。在设计上，多方位呼应列车主题，把城市本来废弃的残存边角空间幻化为社会凝聚力极强的情感场域，打造笋岗独一无二的场所记忆。

15. 雨花快闪公园

建成时间：2022年

位置：江苏南京

雨花快闪公园是南京首个集公园和展示功能于一体的快闪公园，意在打造一个充满活力、可探索的空间，使游客能够对南京本土的动植物有更深入的认识。项目始终坚持以人为本的设计方法，将客户的愿景变成一个独一无二和具有吸引力的空间。公园设计理念的灵感来自于高大茂密的森林，将其抽象化后，树木和浓密的植被转化为"阳光板"竖线，布置出一片高低交错、由数条探索路径形成的蜂巢迷宫，每一处拐角皆是"惊喜"，六边形钢棱柱具有结构稳定、可扩展性强、模块化强、视觉效果独特等特点；此外，一幅幅印在半透明贴纸上的巨型动植物图像成为了完美的自拍墙。人造草坪及节点位置放置的座椅、遮阳伞和陀螺椅，进一步激活了附近的公共空间。不仅如此，这座充满季节性植物的迷宫般的园区，不但给市民带来一个惬意的休息游玩区，也为人们认识南京本土物种带来得天独厚的契机。一席惬意的休息空间、浓密的植被、简短精炼的学习内容以及让人轻松惬意为一体的地方，为忙碌的市民提供了一个不可多得的机会，鼓励他们走出自己的小隔间，一起享受美好的公共生活。

图 6.14　笋岗火车花园（刘艺　绘）

图 6.15　雨花快闪公园（刘艺　绘）

6.2　国外城市公共空间设计案例

1. 圣马可广场

建成时间：1177年

位置：意大利威尼斯

圣马可广场又称威尼斯中心广场（图6.16），一直是威尼斯的政治、宗教和传统节日的公共活动中心。圣马可广场初建于9世纪，当时只是圣马可大教堂前的一座小广场，1177年为了教宗亚历山大三世和神圣罗马帝国皇帝腓特烈一世的会面才将圣马可广场扩建成如今的规模。

圣马可广场是由公爵府、圣马可大教堂、圣马可钟楼、新、旧行政官邸大楼、连接两大楼的拿破仑翼大楼、圣马可大教堂的四角形钟楼和圣马可图书馆等建筑和威尼斯大运河所围成的长方形广场，长约170 m，东边宽约80 m，西侧宽约55 m。广场四周是从中世纪时期到文艺复兴时期修建的精美建筑，广场入口有两个高高的柱子，一个柱子上雕刻的是威尼斯的象征"飞狮"，另一个雕刻的则是威尼斯最初的守护神圣狄奥多，就像是威尼斯城的迎宾入口。

图6.16　圣马可广场

2. 旺多姆广场

建成时间：1720年

位置：法国巴黎

17世纪初的广场形制在巴黎城市建设中占有重要的一席之地，旺多姆广场是其中最著名的范例（图6.17）。17—18世纪，巴黎、伦敦、柏林、维也纳等欧洲城市发展成为全国的政治、经济、文化中心城市，其中法国巴黎的城市格局对现代城市建设产生了深远的影响，这一时期，巴黎兴建了许多城市广场，广场平面一般是封闭的正几何形，周围的建筑形式统一，旺多姆广场平面为抹去四角的长方形，短边正中被一条街道穿过。广场建筑有三层，底层券廊，廊里是店铺。广场中心立着路易十四的骑马铜像，后改为纪功柱。虽然旺多姆广场这样封闭的纪念性广场不适合交通繁忙的时代，但仍然是良好的市民游览、商业活动场所。

图 6.17　旺多姆广场

3. 北杜伊斯堡风景公园

建成时间：1994 年

位置：德国杜伊斯堡

北杜伊斯堡风景公园（原蒂森梅德里希炼铁厂）（图 6.18）由彼得·拉兹教授改造设计，是如今享誉全球的后工业景观改造的典范。公园占地约 200 hm²，既不是传统意义上的公园，也不是人们普遍感觉上的景观。北杜伊斯堡风景公园整合、重塑、发展和串联起由原有工业用地功能塑造的肌理，并为此寻找一个新的景观文法。原有的工业肌理与新的设计相互交织，形成新的景观。在北杜伊斯堡风景公园中，各个系统独立运行着，例如低位的水公园、聚集生长着植物的土地，与街道处于同一高度的步道将隔离了数十年的厂区和市区串联起来，铁路公园中的高空步道和铁轨系统，形成了独特的公共空间。

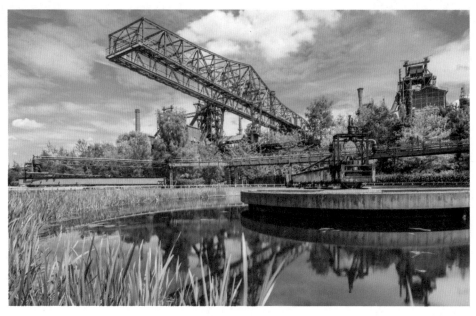

图 6.18　北杜伊斯堡风景公园

4. 马赛查尔斯火车站站前广场

建成时间：2009年

位置：法国马赛

马赛查尔斯火车站位于法国马赛的重要交通位置，是城市的交通枢纽中心，因其日益加重的地位迫切要求火车站前要有一个大型的，集交通、休闲娱乐、景观功能为一体的广场，并通过规划设计出与广场周围环境相融合的广场景观，以此来满足广大旅客的需求。马赛查尔斯火车站站前广场（图6.19）将火车站主体建筑前的坡面划分成三个平台，每一个平台的铺装所用的材料都是本地的石材，在植物设计上，选用的都是耐旱植被，并在大树下设置休憩座椅。在其景观规划上，广场是一个流动的多功能空间，不再是单一的铺装形式，设计师在不影响其交通功能的前提下，在其空间增加了植物的融入，从功能、交通、景观等方面充分发挥广场的价值，创造出满足市民需求的公共空间。

图6.19 马赛查尔斯火车站站前广场（相智皓 绘）

5. 荷兰新居民区＋开放公园

建成时间：2011年

位置：荷兰阿姆斯特丹

阿姆斯特丹市政府开发了城市西侧临靠火车站的一块贫瘠土地为一个新居民区，这个小区拥有16栋造型结构优美的住宅居民楼，该设计案例令人眼前一亮的是，这个小区并没有设计传统的街道、停车位以及前后花园等常规的公共景观设置。设计师将停车位设计在地下，地面上的空间流畅宽阔，由此建立起一个由草地、人行道与散种的树木为主要元素的开放公园。在人行道的设计与布局上，设计师别出心裁，运用大小各异、颜色深浅不一的五边形混凝土石板进行铺装，三种不同灰色的随机铺装营造了一种新鲜感与无序感，打破了道路与绿化草地链接的常规方式，使整个景观氛围活泼生动。草地也不是常规布局，造型与分布也有着突破感与无序感，在绿地中种植充满春意的水仙花和刺槐等美丽的植物，点缀着小区的环境。设计师希望居民能被这种无序与生动吸引，在公园畅意游玩，欣赏美景（图6.20、图6.21）。

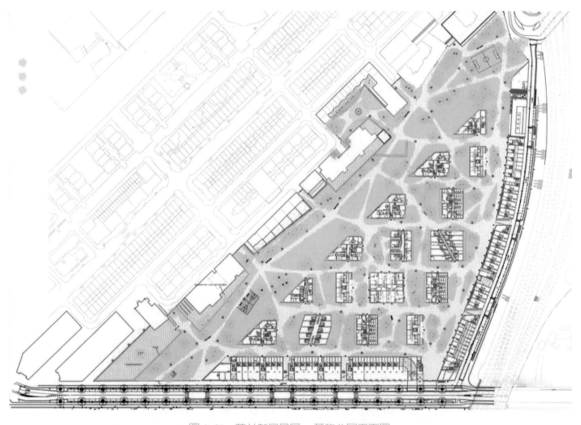

图 6.20 荷兰新居民区＋开放公园平面图

6. 旧金山南公园

建成时间：2017年

位置：美国旧金山

旧金山南公园坐落于旧金山SOMA街区的中心腹地，从平面图（图6.22）可以看出，公园的设计融合了道路循环流线、出入口半边界、场地绿植和必要的社交发生节点，在公园外围设置了矮墙，限定了公园的公共空间，并为公园内部提供遮挡和休息之所。园区内路径系统采用结构简单、便于转换的结构部件，使场地环境可以随着场地情况的不同而发生变化，为空间的构成和使用提供了更多的可能性。

图 6.21 荷兰新居民区＋开放公园（刘艺 绘）

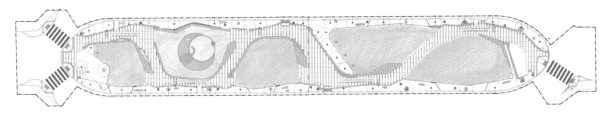

图 6.22 旧金山南公园平面图

7. 阿富汗市集文化片区

建成时间：2014年

位置：澳大利亚丹德农

位于丹德农的阿富汗市集是墨尔本唯一受官方认可的阿富汗片区。该片区是围绕托马斯街自然演变而成的社区中心，其中的业态包括阿富汗人经营的咖啡店、杂货店，以及社会支持服务中心。阿富汗市集展现了设计公共文化空间的新方向——不囿于传统的片区形象塑造。设计团队HASSELL的设计方案名为"几何形聚会",对马扎沙里夫清真寺中精妙绝伦的花砖拼贴进行了现代演绎,街道两边的地面铺装无论是质感还是图案都极其精细,并且使用了生动活泼且具有重要文化意义的绿松石和青金石色彩,凸显了主要的聚会地点。设计缩窄了车行道,加宽了人行道,并增设了全新的基建,以利于举办节庆活动(图6.23、图6.24)。

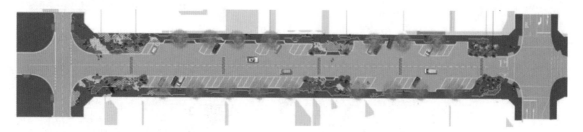

图6.23　阿富汗市集文化片区平面图

图6.24　阿富汗市集文化片区(刘艺　绘)

8. 日本奈良县天理车站站前广场

建成时间:2017年

位置:日本奈良县

日本奈良县天理车站站前广场总规划面积仅为6000 m²,但在该空间中却有交通、商业、休闲、娱乐、交流等各种功能。该项目从平面图上来看是由一个个圆所组成的广场景观,这个设计灵感来自"cofun"(设计师们了解到在该项目所在的城市周围有一些古老的坟墓,本地的居民一般称之为

"cofun"），这些古墓形体美丽、随处可见，设计师们将这一元素提取到设计中去，创造出独特的景观，同时这些景观也有当地地貌的特点，象征着当地的文化和地貌特点。设计过后的"cofun"由多块预制混凝土模版组合形成，形体的每个层面有着不同的用途，可以是台阶、休息平台或是用于陈列产品的书架，使其成为了一个功能多样性的公共空间。在外形上，设计师运用文化的元素把建筑与景观设计完美地组合在一起，凸显了当地生活环境的宁静与清新（图6.25）。

图6.25 日本奈良县天理车站站前广场（孙荣 绘）

9. 雅干广场

建成时间：2018年

位置：澳大利亚珀斯

雅干广场占地1.1 hm²，是澳大利亚城市珀斯的主要社区之一，用于举办各式会议、庆典，同时也是热门的旅游目的地。雅干广场连接着柏斯市中心火车站和汽车站，不仅是主要的交通枢纽，也是该市最繁忙的行人聚集地之一。设计理念完美诠释了雅干广场的愿景——旨在融合当地、珀斯以及西澳大利亚的特色，建立一个包容、开放、充满活力的公众聚集地。设计团队将地理、轨迹、原住民和非原住民以及雅干广场本身的文化连接在一起，当地特色花园更展现了西澳大利亚独特和多样化的园林植物景观，不仅让游客看到珀斯当地和其他州的尤佳利树种，也丰富了西澳大利亚的季节特色（图6.26）。

10. 贝加莫广场

建成时间：2020年

位置：意大利贝加莫

贝加莫广场是当地公共空间改造工作的核心，它代表了处于城市更新期的贝加莫市，在改造

图 6.26　雅干广场（王鑫泉　绘）

前，很少有人关注这块场地。设计师将新广场设计成宽阔的、畅通无阻的区域，利用坡道和阶梯解决了原广场两侧的高度差，将游客引向广场中心，建立了新的城市归属感。改造后的广场地面被定义为城市地毯，交替的抛光混凝土和裸露混凝土界面加入了矿物土，突出了来自当地砾石场的骨料，这种材料十分粗犷，经过精细的设计，中间穿插金属接头和线性裂缝，可以用于收集雨水。广场的开阔视野吸引了路人，提高了该区域的舒适度、安全性和管理水平。开放的公共空间、广场的安全性和自由视野使这里可以进行城市集体活动，如举办大型活动、开设露天电影院、举行临时展览和当地市集等，使得这块场地重新焕发活力（图6.27、图6.28）。

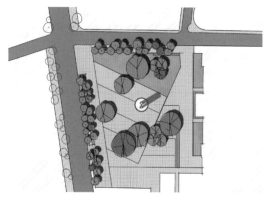

图 6.27　贝加莫广场平面图（王鑫泉　绘）

图 6.28　贝加莫广场（王鑫泉　绘）

11. Syech Yusuf 探索公园

建成时间：2019 年

位置：印度尼西亚南苏拉威西

Syech Yusuf 探索公园位于印度尼西亚，是一个具有本土特色的体育公园。场地被周围的市政设施和体育设施所环绕，因此该项目的设计重点是如何利用轴线将周围设施串联起来，最后以轴线贯穿场地道路的形式展现给公众。公园内标志性的塔楼置于场地最东部，场地绝大多数设施和设计元素均面向塔楼，而各个元素也可形成塔楼的景观框。同时，场地北部集市区域直接连接公园，设计者利用结合交叉环路和斜坡地形的方式在现场营造不同水平的角度。不同高度的视角与带有坡度的跑道赋予场地更大的自由性及功能性。同时跑道侧部的高墙可发挥围栏功能，砾石材质的运用也可在球的回弹方面起到降低作用，两项介入措施均可使运动区域在不受任何围栏的限制下维持开放。场地的选材在具有质感的同时，还能加强光的漫射效果，营造一个宜人、舒适的空间环境（图 6.29）。

图 6.29　Syech Yusuf 探索公园（刘艺　绘）

12. 中央公园公共区域

建成时间：2012 年

位置：澳大利亚悉尼

中央公园公共区域反映出精心设计且清晰可辨的公共区域框架，以及是如何实现场地统一和城市重塑的。中央公园始终秉承着最初的愿景，那就是成为国际上创新的城市步行商业区标杆。公园面向北方，远离城市喧嚣，场地内有阶梯草坪、阳光草坪，草坪隐于城市的快节奏背后。历史遗产被展示出来并与新型建筑形式并驾齐驱，散发着一种张弛有度、紧密统一的场所感。横贯现场的步行网络把百老汇街与市区和中央公园联系在了一起，疏通了原来因啤酒厂生产而堵塞的齐本德尔巷道。这给昔日荒芜的百老汇大街带来了勃勃生机，也给齐本德尔市中心带来了活力（图 6.30）。

图 6.30　悉尼中央公园公共区域（刘艺　绘）

13. 本拿比校园广场改造

建成时间：2021年

位置：加拿大本拿比

西蒙弗雷泽大学建于 1965 年，是加拿大最重要的建筑群之一。校园广场具有双重功能，既是公共空间，又可作为下方教育空间的屋顶，历经50年的使用，屋顶膜和饰面已亟待更新。设计团队以更新代替重建，通过对校园室内外公共空间的审美更新和提升，极大地提高了师生的校园体验，为历史悠久的公共空间注入了新的活力。改造后的校园不仅延续与巩固了中央商场的重要位置，也为师生创造了更多非正式聚会、逗留和相互联系的公共空间（图6.31）。

图 6.31　本拿比校园广场（刘艺　绘）

14. 华南蓬Rukkhaniwet公园

建成时间：2021年

位置：泰国曼谷

华南蓬Rukkhaniwet公园占地1048 m^2。公园将"邻里花园"作为设计概念，旨在为小区营造"人人共享"的园区空间。为了让更多人能够在此享受到户外活动带来的乐趣，设计师对该场地重新定义并将场地主要划分为三大板块：①供人就座、休憩、散步的休闲区域，由小丘、房屋、亭子等构成；②给居民提供运动锻炼的邻里草地；③以教育活动为主的家庭作业草坪。三大板块之间可相互联系，保证活动的流动性，同时赋予公园更大的包容性及功能的多样性。另外，公园的植物都选择了能够适应当地气候条件的本土植物，并保留了原有的菩提树，体现出对社区观众与价值的维护。华南蓬Rukkhaniwet公园也将作为小型绿色公共空间，在径流流入城市水处理系统前起到延缓过滤的功能，在缓解城市热岛现象方面起到积极的促进作用。公园的价值在生态系统方面也得到体现，不仅推动了生物的多样性发展，而且给当地植物及动物提供栖息地（图6.32）。

图6.32 华南蓬 Rukkhaniwet 公园（刘艺 绘）

15. Emergence Lafayette街区复兴计划

建成时间：2022年

位置：法国里昂

Emergence Lafayette遗址位于Part-Dieu区东北方向Rue de la Villette与Cours Lafayette街拐角之间，外形呈梯形，长约70 m，宽约45 m。它集住房空间、办公空间、职工住宅、教区礼拜空间及联合办公空间、商店等多功能公共空间于一体。Emergence Lafayette街区复兴计划的目的是使社会具有多样性并混合使用，从而通过修建办公室、房屋、店铺、服务设施和小教堂等混合街区来招徕居民。为了达到这一目的，设计师对建筑进行了重新布局，使其成为多种功能并存且相互联系的复合场所，其中包括办公、居住、休闲娱乐以及商业等各种使用需求（图6.33）。这一设计营造出一个多功能生活空间，不论白天或晚上，它都很有吸引力，既可以在靠近办公楼的地方办公，又可以享受居住及商店服务，休息时再汇集到小教堂活动中心。白天对所有人开放使用的街道是整个公共空间的基础，而通向办公室、教堂以及住房单元的街道则把城市和街区联系起来，为Rue de la Villette以及Cours Lafayette这两条主干道之间营造出一条静谧的步行通道（图6.34）。

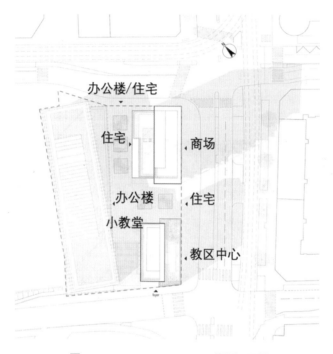

图6.33　Emergence Lafayette 街区平面图

图6.34　Emergence Lafayette 街区公共空间（刘艺　绘）

参 考 文 献

[1] 乔纳森·巴内特. 城市设计：现代主义、传统、绿色和系统的观点 [M]. 刘晨，黄彩萍，译. 北京：电子工业出版社，2014.

[2] 哈贝马斯. 公共领域的结构转型 [M]. 曹卫东，王晓珏，刘北城，等译. 上海：学林出版社，1999.

[3] 李德华. 城市规划原理 [M]. 3版. 北京：中国建筑工业出版社，2002.

[4] 伊利尔·沙里宁. 城市：它的发展、衰败与未来 [M]. 顾启源，译. 北京：中国建筑工业出版社，1986.

[5] 美国不列颠百科全书公司. 不列颠百科全书 [M]，北京：中国大百科全书出版社. 2007.

[6] 朱小平. 设计美学 [M]. 北京：中国建筑工业出版社，2013.

[7] 魏建波，牛军. 城市公共空间概念辨析 [J]. 科学技术创新，2009(31)：337.

[8] 梁雪，肖连望. 城市空间设计 [M]. 天津：天津大学出版社，2006.

[9] 夏祖华，黄伟康. 城市空间设计 [M]. 南京：东南大学出版社，2002.

[10] 王鹏. 城市公共空间的系统化建设 [M]. 南京：东南大学出版社，2002.

[11] 芦原义信. 外部空间设计 [M]. 尹培桐，译. 南京：江苏凤凰文艺出版社，2017.

[12] 芦原义信. 街道的美学 [M]. 尹培桐，译. 南京：江苏凤凰文艺出版社，2017.

[13] 凯文·林奇. 城市意象 [M]. 方益萍，何晓军，译. 北京：华夏出版社，2017.

[14] 威廉·H. 怀特. 小城市空间的社会生活 [M]. 叶齐茂，倪晓晖，译. 上海：上海译文出版社，2016.

[15] 宋立新. 城市色彩形象识别设计 [M]. 北京：中国建筑工业出版社. 2014:5.

[16] 马书文. 城市公共空间设计探析 [J]. 城市建筑，2021,18(7)：145-147.

[17] 陈圣泓. 城市公共空间 [J]. 景观设计，2005(3)：4-9.

[18] 徐向远，石飞，徐建刚，等. 西方城市街道模式与居民出行方式关系探析 [J]. 现代城市研究，2015(9)：118.

[19] 李浩田. 从城市景观学角度谈街道景观设计：济南市泉城路街道景观分析及改造建议 [J]. 中外建筑. 2013(8)：94-96.

[20] 邱书杰. 作为城市公共空间的城市街道空间规划策略 [J]. 建筑学报，2007(3)：9-14.

[21] 苏轼鲲. 浅议城市街道设计 [J]. 黑龙江科技信息，2009(19)：276.

[22] 夏胜国. 宜居城市背景下街道设计方法的探索研究 [J]. 规划设计. 2019,17(5)：31-38.

[23] 宋菊芳，李晨然，李军. 城市公共空间的历史演化及其特色形成机制研究 [J]. 园林，2019(4)：52-55.

[24] 克莱尔·库珀·马库斯，卡罗琳·弗朗西斯. 人性场所：城市开放空间设计导则 [M]. 俞孔坚，王志芳，孙鹏，等译. 北京：北京科学技术出版社，2020.

[25] 周岚. 城市空间美学 [M]. 南京：东南大学出版社，2001.

[26] 王学荣. 偃师商城废弃研究：兼论与偃师二里头、郑州商城和郑州小双桥遗址的关系 [J]. 三代考古，2006(1)：297-327.

[27] 习五一. 民国时期北京的城市功能与城市空间 [J]. 北京行政学院学报，2002(5)：76-79.

[28] 周波. 城市公共空间的历史演变：以20世纪下半叶中国城市公共空间演变为研究中心 [D]. 成都：四川大学，2005.

[29] 宋振华. 城市景观设计方法与专项设计实践 [M]. 北京：中国水利水电出版社，2018.

[30] 于洪涛. 设计管理 [M]. 武汉：华中科技大学出版社，2009.

[31] 于洪涛. 冬季微生态景观设计与应用 [M]. 北京：中国水利水电出版社，2017.

[32] 格兰特·W. 里德. 园林景观设计从概念到形式 [M]. 郑淮兵，译. 北京：中国建筑工业出版社，2014.

[33] 郝卫国. 环境艺术设计概论 [M]. 北京：中国建筑工业出版社，2006.

[34] 程大锦. 建筑：形式、空间和秩序 [M]. 4版. 天津：天津大学出版社，2018.